高等学校土木工程专业规划教材

建筑工程制图

步砚忠　主编
张晓杰　主审

中国建筑工业出版社

图书在版编目（CIP）数据

建筑工程制图/步砚忠主编．—北京：中国建筑工业出版社，2010

高等学校土木工程专业规划教材

ISBN 978-7-112-11691-1

Ⅰ．建…　Ⅱ．步…　Ⅲ．建筑工程-建筑制图-成人教育：高等教育-教材　Ⅳ．TU204

中国版本图书馆 CIP 数据核字（2009）第 237495 号

本书为高等学校土木工程专业规划教材，供高校建筑类相关专业建筑工程制图课程教学使用。本书主要内容包括：制图规格及基本技能、投影制图、建筑施工图和结构施工图。本书是作者根据多年的教学实践经验针对专业需求编写的，在编写上力求理论联系实际，密切结合专业需求，图文并茂，深入浅出，便于学习。

本书有与教材配套使用的习题集，可供高等学校建筑类土木、管理、环境工程、暖通、给水排水、热能动力、电信等专业使用，也可供相关技术人员学习参考。

责任编辑：朱首明　李　明

责任设计：崔兰萍

责任校对：陈　波　王雪竹

高等学校土木工程专业规划教材

建筑工程制图

步砚忠　主编

张晓杰　主审

*

中国建筑工业出版社出版、发行（北京西郊百万庄）

各地新华书店、建筑书店经销

霸洲市顺浩图文科技发展有限公司

北京市兴顺印刷厂印刷

*

开本：787×1092 毫米　1/16　印张：10¼　字数：197 千字

2010 年 2 月第一版　　2010 年 7 月第二次印刷

定价：**20.00** 元（含习题集）

ISBN 978-7-112-11691-1

（18935）

前　言

本书紧密结合建筑工程实际，图文并茂，深入浅出，旨在帮助相关专业的学生和工程技术人员系统地学习和掌握建筑工程制图与识图的理论和方法。每章均设有复习思考题，以便于读者自学。

本书由步砚忠主编，史向荣担任副主编。具体编写分工为：山东建筑大学步砚忠编写绪论；山东建筑大学俞蓁编写第 1 章；山东建筑大学张岩、朱冬梅编写第 2 章；山东建筑大学步砚忠、中国建筑工业设备安装有限公司卢兰华编写第 3 章；山东建筑大学史向荣编写第 4 章。全书由步砚忠负责统稿。在编写本书的过程中，参阅和引用了一些相关书籍和论著中的有关资料，在此表示衷心的感谢！

山东建筑大学张晓杰教授担任主审，为本书提出了许多建议，在此表示诚挚的谢意！

由于编者水平有限，书中难免存在疏漏与不足之处，真诚希望广大读者批评指正。

目　录

绪　论

1. 本课程的性质和任务

(1) 性质

建筑工程的施工离不开工程图纸。工程图纸是按一定的原理、规则和方法绘制而成的。工程图纸能正确地表达建筑物的形状、大小、材料组成、构造方式以及有关技术要求等内容，是表达设计意图、交流技术思想、研究设计方案、指导和组织施工编制工程进度计划及编制工程概预算、审核工程造价的重要依据。因此工程图纸被称为工程技术界的“语言”。

(2) 本课程的任务

1) 进一步学习正投影法的基本理论及其应用。

2) 进一步培养和加强空间想象能力及空间分析能力。

3) 掌握制图的基本知识与基本技能，掌握制图的有关标准与规定。

4) 熟悉专业图纸的基本内容，培养绘制与识读工程图纸的能力。

2. 学习方法和要求

(1) 在学习时，要注意进行空间分析，着重培养自己的空间想象力和空间思维力。要弄清把空间关系转化为平面图形的投影规律以及在平面上作图的方法和步骤。在听课和自学时，要边听、边分析、边画图，以便于理解和掌握。

(2) 要认真细致地完成每一次作业。在完成图示这一类型的作业时，要注意画图与识图相结合：每一次根据物体画出投影图之后，随即把物体移开，再从所画的图形想象出原来物体的形状。如此循环往复，非常有利于空间思维能力的培养和空间想象能力的提高。

(3) 建筑工程制图是一门实践性较强的课程，因此要注意将学到的理论知识和建筑工程实际紧密地结合，多深入到建筑工地进行观察，从而增加感性认识。熟悉建筑工程图的主要内容，熟悉现行国家制图标准，掌握绘图和读图的基本知识和技能。

(4) 建筑工程图纸是施工的主要依据，往往由于图纸上一条线的疏忽或一个数字的差错，而造成严重的返工浪费等后果。因此，学习建筑工程制图从一开始就要养成认真负责、一丝不苟的学习和工作态度，对每一张制图作业，都必须按规定认真完成，只有这样才能真正学好本课程，并为学习专业课打下坚实的基础。

第1章 制图规格及基本技能

1.1 制图基本规格

建筑施工图是表达建筑工程设计的重要技术资料，是施工的依据。为了使建筑工程图能够统一，清晰明了，提高制图质量，便于识读，满足设计和施工的要求，又便于技术交流，对于图样的画法、图线的线型线宽、图上尺寸的标注、图例以及字体等，就必须有统一的规定。为此，2001年国家计划委员会颁布了重新修订的国家标准《房屋建筑制图统一标准》GB/T 50001—2001等，供全国有关单位遵照执行。

1.1.1 图纸幅面

为了合理使用图纸和便于管理、装订，所有图纸幅面，必须符合建筑工程制图标准的规定，见表1-1。尺寸代号的含义见图1-1。

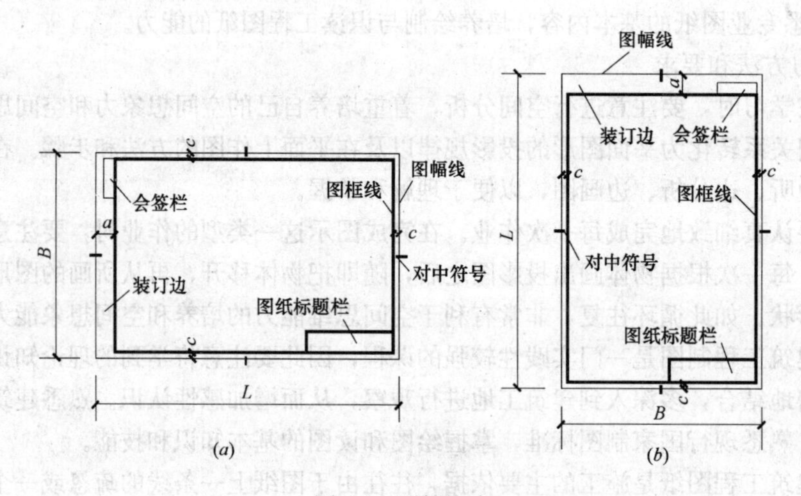

图1-1 图幅格式

图幅及图框尺寸（mm） 表1-1

尺寸代号	图纸幅面				
	A0	A1	A2	A3	A4
$L\times B$	1189×841	841×594	594×420	420×297	297×210
c	10			5	
a	25				

图中$b\times l$为图纸的短边乘以长边，a、c为图框线到幅面线之间的宽度。图纸幅面尺寸相当于$\sqrt{2}$系列，即$l=\sqrt{2}b$。从上表中可以看出A1号图纸是A0号图纸的对折，A2号

图纸是 A1 号图纸的对折，其他依次类推。

1.1.2 图纸标题栏和会签栏

工程图纸应有工程名称、图名、图号、设计号及设计人、绘图人、审批人的签名和日期等，把这些集中列表放在图纸的右下角，称为图纸标题栏，简称图标。其中一种大小及格式如图 1-2（*a*）。一般学校的制图作业可采用图 1-2（*b*）所示格式。

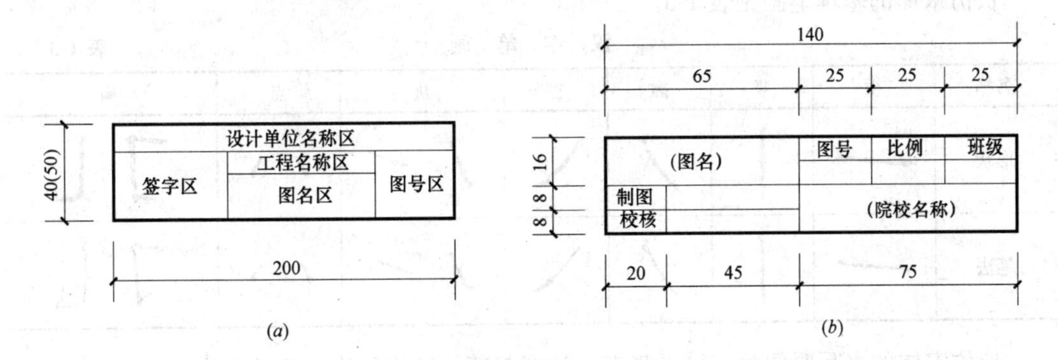

图 1-2 标题栏格式

（*a*）标题栏；（*b*）本书制图作业采用的标题栏

会签栏是各工种负责人签字用的表格，放在图纸左侧上方的图框线外，见图 1-3，制图作业不用会签栏。

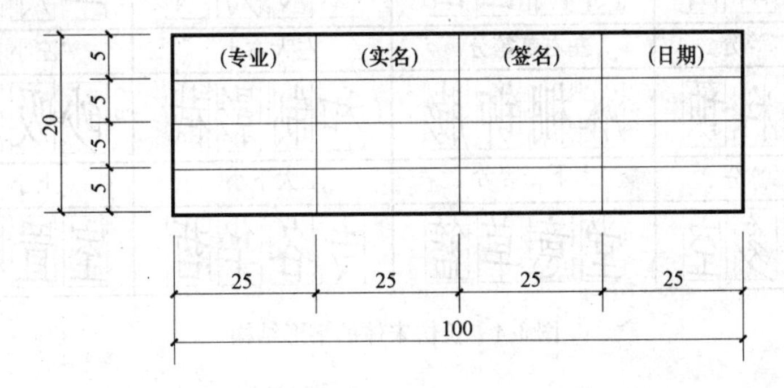

图 1-3 会签栏

1.1.3 字体

工程图纸常用文字有汉字、数字、字母，书写时必须做到排列整齐、字体端正、笔画清晰、注意起落。

工程图样中字体的高度即为字号，其系列规定为 2.5、3.5、5、7、10、14、20mm，字体的宽度即为小一号字的高度。这个字高系列的公比相当于 $1:\sqrt{2}$，即某号字的高度相当于小一号字高的 $\sqrt{2}$ 倍，例如 $7\approx\sqrt{2}\times5$。汉字的字体，应写成长仿宋体。其字高和字宽的关系见表 1-2。书写汉字的高度应不小于 3.5mm，数字的高度应不小于 2.5mm。

当数字、字母同汉字并列书写时，它们的字高比汉字的字高宜小一号或两号。

当拉丁字母单独用作代号或符号时，不使用 I、O 及 Z 三个字母，以免同阿拉伯数字的 1、0 及 2 相混淆。

字　号（mm）　表 1-2

字号(字高)	2.5	3.5	5	7	10	14	20
字宽	1.8	2.5	3.5	5	7	10	14

1. 长仿宋体的基本笔画

长仿宋体的基本笔画见表 1-3。

汉 字 笔 画　表 1-3

名称	横	竖	撇	捺	挑	点	钩
形状							
笔法							

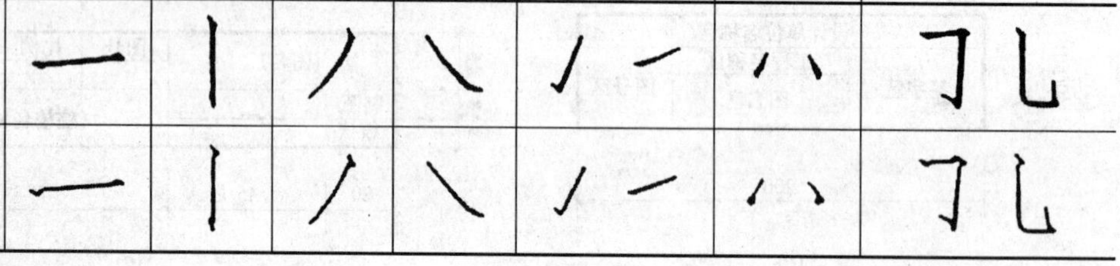

长仿宋体的书写要领为：横平竖直、注意起落、结构匀称、填满方格。长仿宋体的字形结构如图 1-4 所示。

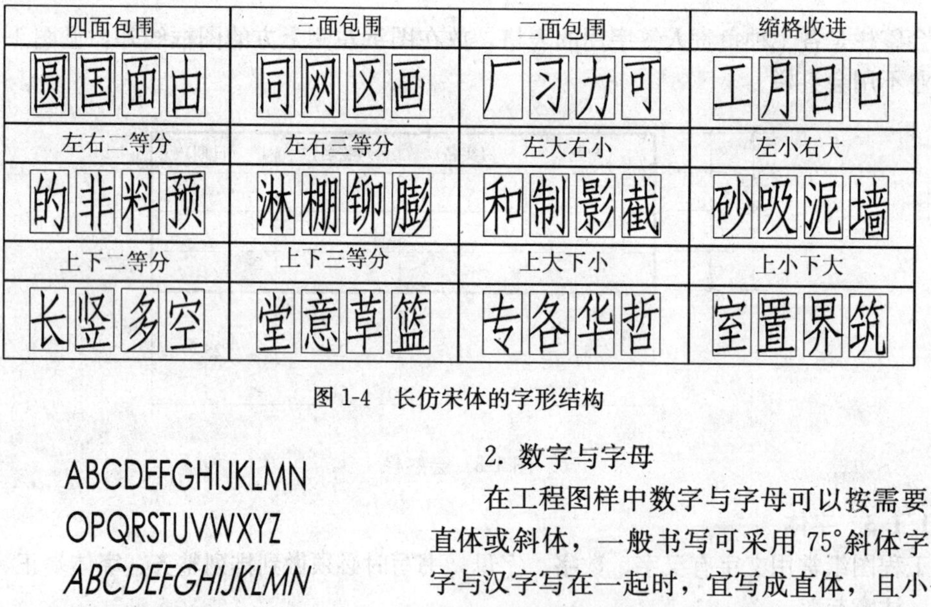

四面包围	三面包围	二面包围	缩格收进
圆国面由	同网区画	厂习力可	工月目口
左右二等分	左右三等分	左大右小	左小右大
的非料预	淋棚铆膨	和制影截	砂吸泥墙
上下二等分	上下三等分	上大下小	上小下大
长竖多空	堂意草篮	专各华哲	室置界筑

图 1-4　长仿宋体的字形结构

ABCDEFGHIJKLMN
OPQRSTUVWXYZ
ABCDEFGHIJKLMN
OPQRSTUVWXYZ
abcdefghijklmn
opqrstuvwxyz
abcdefghijklmn
opqrstuvwxyz

1234567890　*1234567890* $\alpha\beta\gamma$

图 1-5　数字与字母

2. 数字与字母

在工程图样中数字与字母可以按需要写成直体或斜体，一般书写可采用 75°斜体字。数字与汉字写在一起时，宜写成直体，且小一号或二号。数字与字母的一般字体见图 1-5。

1.1.4　比例与图名

图样的比例为图形与实物相对应的线性尺寸之比。比例的大小应指比值的大小。如 1∶100即指图上的尺寸为 1，而实物的尺寸为 100。比例的书写位置应在图名的右下侧并与图名的底部平齐，字体比图名字体小一号或二号。

当整张图纸只用同一比例时，也可注在图纸标题栏内。应当注意，图中所注的尺寸是指物体实际的大小，它与图的比例无关。

1.1.5　图线

1. 图线的种类

在绘制工程图时，为了表示出图中不同的内容，并且能够分清主次，常采用不同粗细的图线。基本线型有实线、虚线、单点长画线、折断线、波浪线等。随用途不同采用不同粗细的图线，其线宽互成一定的比例，即粗线、中线、细线三种线宽之比为 b∶$0.5b$∶$0.25b$。各种图线的名称、线型、线宽及一般用途见表 1-4。

图线的线型和宽度　　**表 1-4**

名称	线　型	线宽	一般用途
粗实线	————	b	可见线 剖面线中被剖到的轮廓线、结构图中的钢筋线、建筑物或构筑物的外形轮廓线、剖切位置线、地面线、详图符号圆圈、图纸的图框线、新设计的给水管线等
中等粗的实线	————	$0.5b$	可见线 剖面图中未被剖到但仍能看到而需要画出的轮廓线、标注尺寸的尺寸起止45°短线、原有的各种给水管线或循环水管线
细实线	————	$0.25b$	尺寸界线、尺寸线、材料图例线、索引符号的圆圈、引出线、标高符号线、重合断面的轮廓线、较小图形的中心线等
粗虚线	— — — —	b	新设计的各种排水管线、总平面及运输图中的地下建筑物或构筑物
中等粗的虚线	— — — —	$0.5b$	需要画出的不可见的轮廓线、建筑平面图中运输装置的外轮廓线、原有的排水线、拟扩建的建筑工程轮廓线等
细虚线	— — — —	$0.25b$	不可见轮廓线、图例线
粗单点长画线	—·—·—	b	结构图中梁或构架的位置线、建筑图中的吊车轨道线、其他特殊构件的位置线
中单点长画线	—·—·—	$0.5b$	见各有关专业制图标准
细单点长画线	—·—·—	$0.25b$	中心线、对称线、定位轴线
粗双点长画线	—··—··—	b	见各有关专业制图标准
中双点长画线	—··—··—	$0.5b$	见各有关专业制图标准
细双点长画线	—··—··—	$0.25b$	假想轮廓线、成型以前的原始轮廓线
折断线	—\/—\/—	$0.25b$	不需要画全的断开界线
波浪线	～～～	$0.25b$	不需要画全的断开界线、构造层次的断开界线

各种线型的应用如图 1-6 所示。

2. 图线的画法

同一张图纸上各类线型的线宽应保持一致。实线的接头应准确，不可偏离或超出；当虚线位于实线的延长线时，相接处应留有空隙；虚线与实线相接时，应以虚线的线段部分与实线相接；两虚线相交接时，应以两虚线的线段部分相交接；单点长画线与单点长画线，或单点长画线与其他图线相交时，应交于单点长画线的线段上。绘制圆或圆弧的中心线时，圆心应为线段的交点，且中心线两端应超出圆弧 2～3mm。当图形较小，画单点长画线有困难时，可用细实线代替（见图 1-7）。

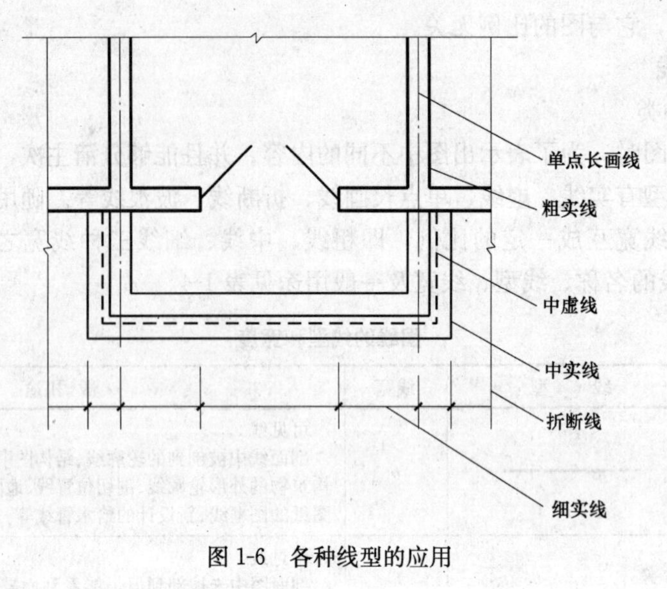

图 1-6　各种线型的应用

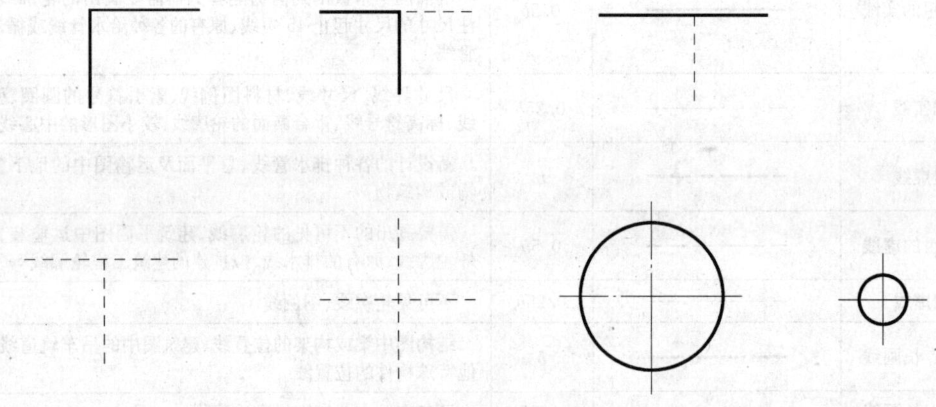
图 1-7　各种线型的连接方法

1.1.6　尺寸注法

用图线画出的图样只能表达物体的形状，必须标注尺寸才能确定其大小。尺寸是施工的依据。尺寸主要由尺寸线、尺寸界线、尺寸起止符号、尺寸数字四要素组成，如图 1-8 所示。

1. 尺寸注法的四要素

(1) 尺寸线——细实线，必须与所注的图形线平行。

(2) 尺寸界线——细实线，一般与尺寸线相垂直。

(3) 尺寸起止符号——在尺寸起止点处画一中粗斜短线，其倾斜方向应以尺寸界线为基准，顺时针成 45°，长度宜为 2～3mm。半径、直径、角度和弧长的尺寸起止符号用箭头表示，如图 1-9 所示。

(4) 尺寸数字——常书写成 75°斜体字，数字的高一般 3.5mm，最小不得小于 2.5mm，全图一致；尺寸数字的读数方向如图 1-10 所示，尺寸数字必须依据读数方向注写在尺寸线的上方中部；当尺寸界线的间隔太小，注写尺寸数字的地方不够时，最外边的尺寸数字可以注写在尺寸界线的外侧，中间的尺寸数字可与相邻的数字错开注写，必要时也可以引出注写，如图 1-11 所示。

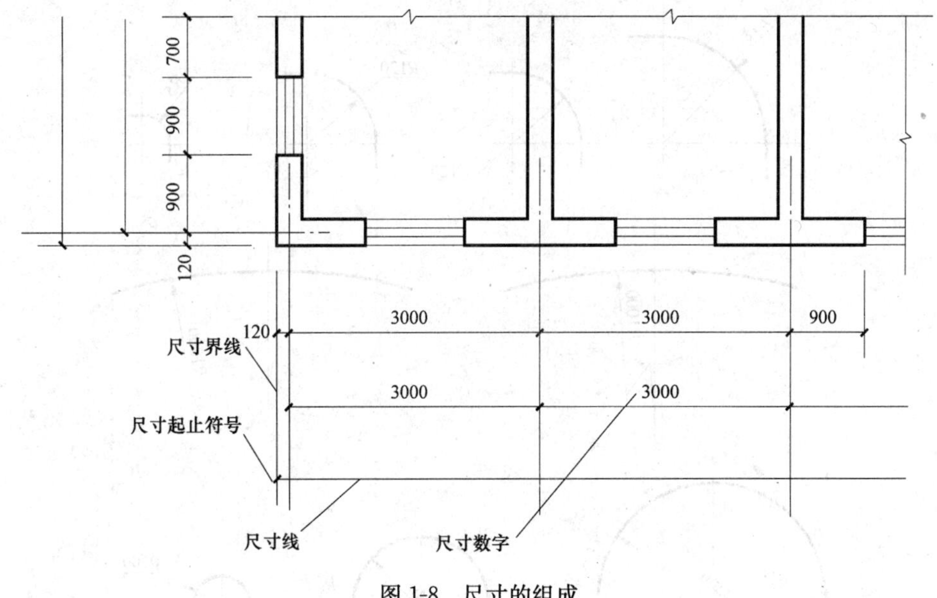

图 1-8　尺寸的组成

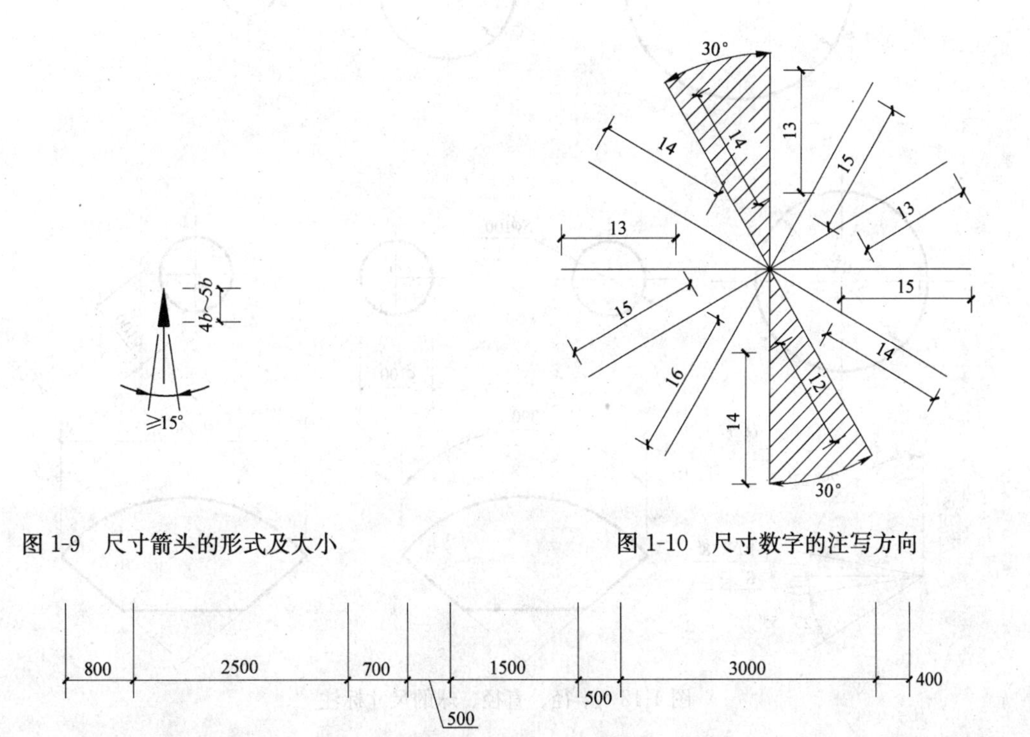

图 1-9　尺寸箭头的形式及大小

图 1-10　尺寸数字的注写方向

图 1-11　尺寸界线较密时尺寸标注形式举例

2. 半径、直径、球的尺寸标注方法

半径的尺寸线必须从圆心画起或对准圆心，另一端画箭头，半径数字前加“R”。直径的尺寸线则通过圆心或对准圆心，尺寸起止符号用箭头表示，直径数字前加“ϕ”。球的半径或直径的尺寸标注须在 R 或 ϕ 前加上 S，如“SR”、“$S\phi$”。如图 1-12 所示。

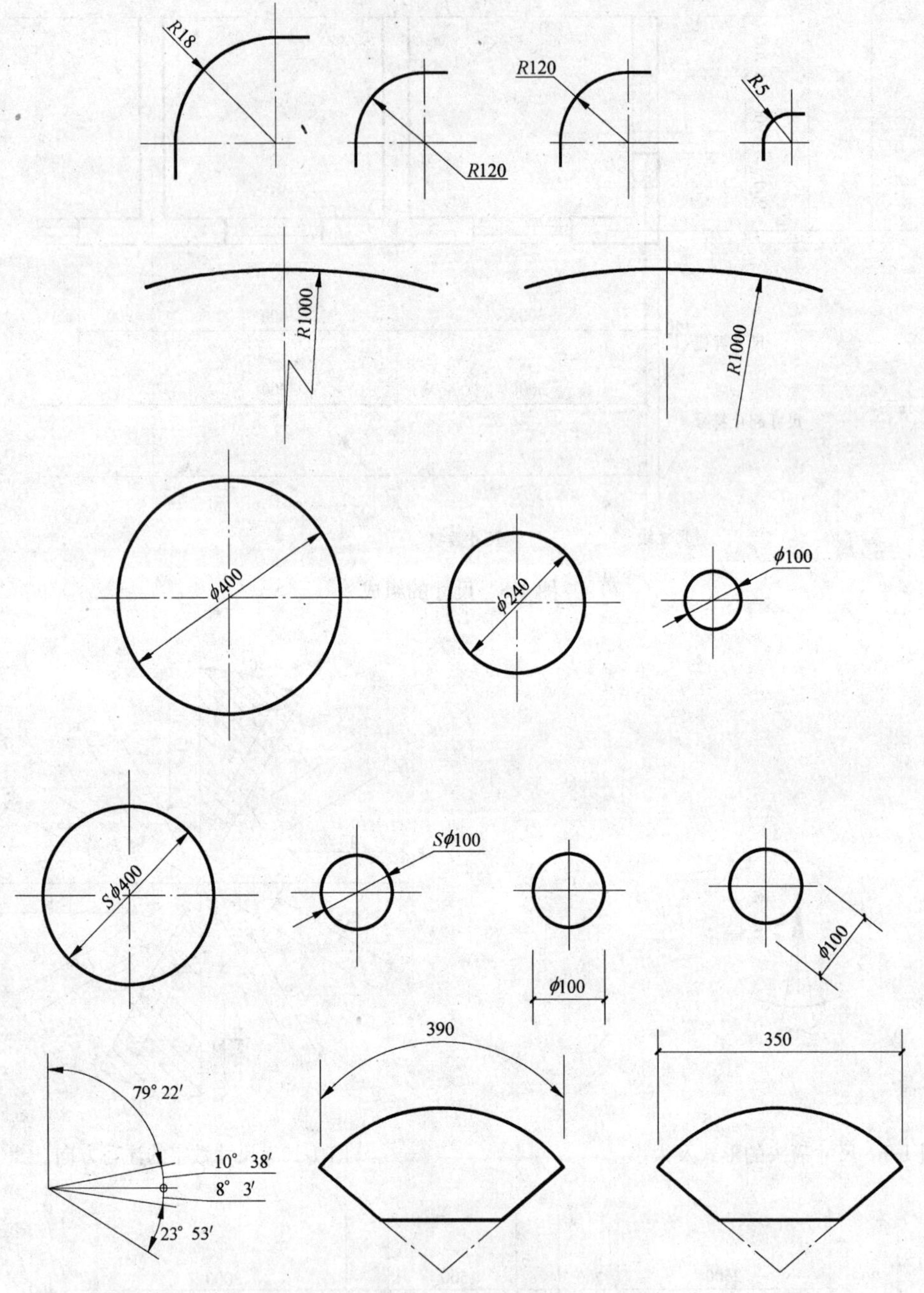

图 1-12 半径、直径、球的尺寸标注

3. 角度、弧长、弦长的尺寸标注方法

角度的尺寸线是以角的顶点为圆心的圆弧线，角度的两边为尺寸界线，尺寸起止符号用箭头；角度数字一律水平书写。角度、弧长、弦长的尺寸注法如图 1-12 所示。

4. 其他尺寸标注方法举例

（1）标注坡度时，应沿坡度画出指向下坡的箭头，在箭头的一侧或下端注写尺寸数字（百分比、比例、小数均可），如图 1-13 所示。

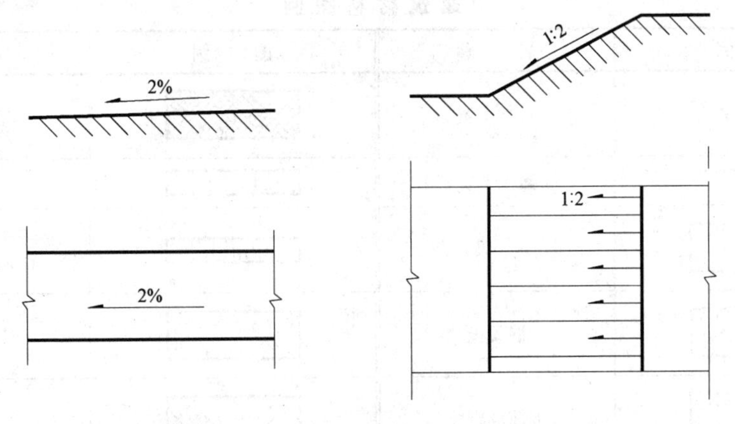

图 1-13　坡度的尺寸标注

(2) 对于较多相等间距的连续尺寸，可以标注成乘积的形式，如图 1-14 楼梯平面图中梯段部分 9×280＝2520 的标注方法。

(3) 对于屋架、钢筋以及管线等的单线图，可把尺寸数字相应地沿着杆件或线路的一侧来注写，如图 1-15 所示。尺寸数字的读数方向则符合前述规则。

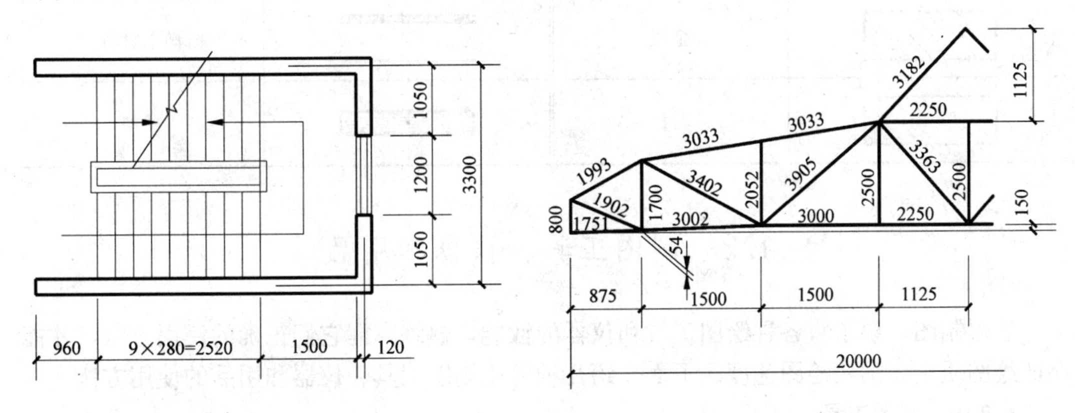

图 1-14　有许多连续等间距的尺寸标注

图 1-15　桁架式结构的尺寸标注方法

1.1.7　建筑材料图例

建筑物或构筑物按比例绘制在图纸上，对于一些建筑细部往往不能如实画出，而用图例来表示。同时，在建筑工程图中也采用一些图例来表示建筑材料。图 1-16 选列了一些常用的建筑材料断面图例，其他材料图例见表 1-5。

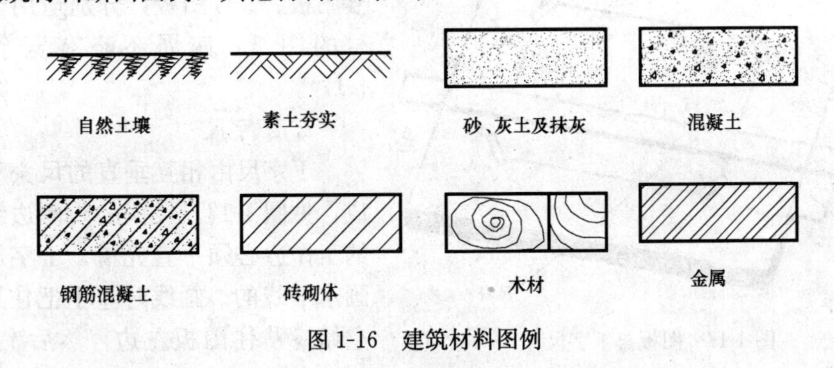

图 1-16　建筑材料图例

建筑材料图例 **表 1-5**

图例	名称	图例	名称
	自然土壤		多孔材料
	素土夯实		空心砖
	砂、灰土及抹灰		饰面砖
	混凝土		石膏板
	钢筋混凝土		橡胶
	砖砌体		耐火砖
	木材		塑料
	金属		防水材料
	石材		玻璃

1.2 制图工具、仪器和用品

学习制图，要了解各种绘图工具和仪器的性能，熟练掌握它们正确的使用方法，才能保证绘图质量，加快绘图速度。下面介绍几种常用制图工具、仪器和用品的使用方法。

1.2.1 制图工具

1. 图板

图板是画图用来作垫板的，要求板面平整光洁，左面的硬木边为工作边（导边），必须保持平直，以便与丁字尺配合画出水平线。图板常用的规格有 0 号图板、1 号图板、2 号图板，分别适用于相应图号的图纸，四周还略有宽余（见图 1-17）。

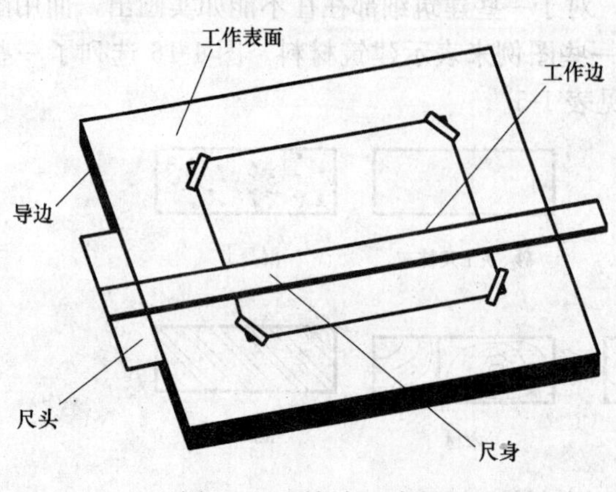

图 1-17 图板与丁字尺

2. 丁字尺

丁字尺由相互垂直的尺头和尺身构成，见图 1-17。尺头的内侧边缘和尺身的工作边必须平直光滑。丁字尺是用来画水平线的。画线时左手把住尺头，使它始终贴住图板左边，然后上下推动，直至丁字尺工作边对准要画线的地方，再从左至右画出水平线。注意：不得把丁字尺头靠在图板的右边、下边或上边画线，也不得用丁字尺的下边画线。

3. 三角板

一副三角板有30°×60°×90°和45°×45°×90°两块。与丁字尺配合使用可以画出竖直线或30°、45°、60°、15°、75°等的倾斜线。画线时先推丁字尺到线的下方，将三角板放在线的右方，并使它的一直角边靠贴在丁字尺的工作边上，然后移动三角板，直至另一直角边靠贴竖直线。再用左手轻轻按住丁字尺和三角板，右手持铅笔，自下而上画出竖直线。用丁字尺与三角板的画线方法见图1-18。

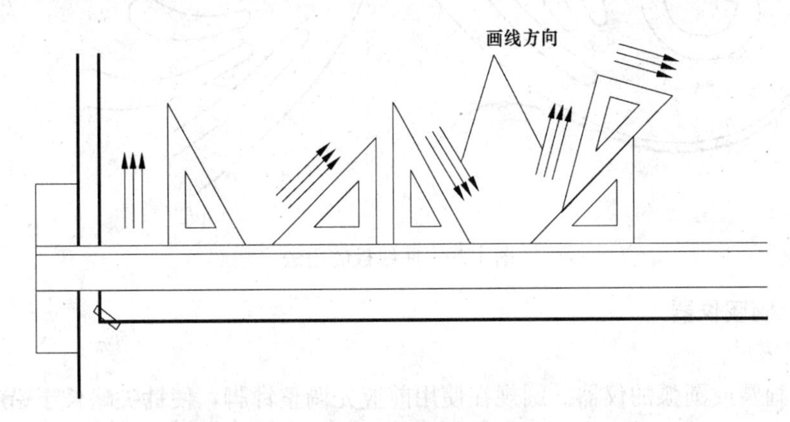

图1-18　丁字尺与三角板配合的画线方法

4. 比例尺

比例尺是刻有不同比例的直尺。绘图时不必通过计算，可以直接用它在图纸上量取物体的实际尺寸。常用的比例尺是在三个棱面上刻有六种比例的三棱尺。尺上刻度所注数字的单位为米（见图1-19）。

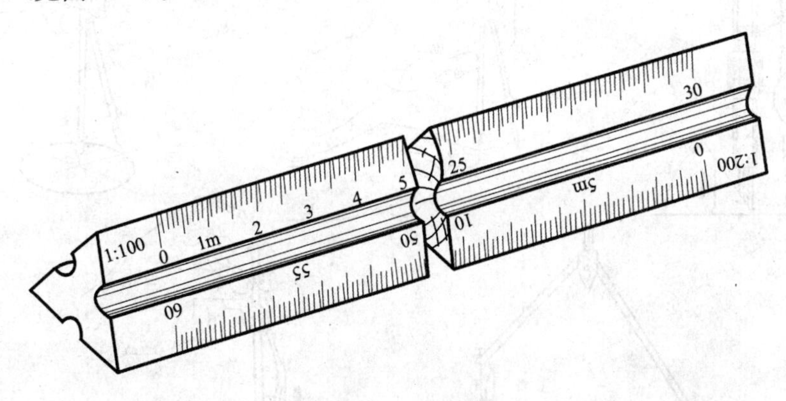

图1-19　比例尺

5. 曲线板

曲线板是用来画非圆曲线的，其使用方法如图1-20所示。首先按相应作图法作出曲线上一些点；再用铅笔徒手把各点依次连成曲线；然后找出曲线板上与曲线相吻合的一段，画出该段曲线；最后同样找出下一段，注意前后两段应有一小段重合，曲线才显得圆滑。依次类推，直至画完全部曲线。

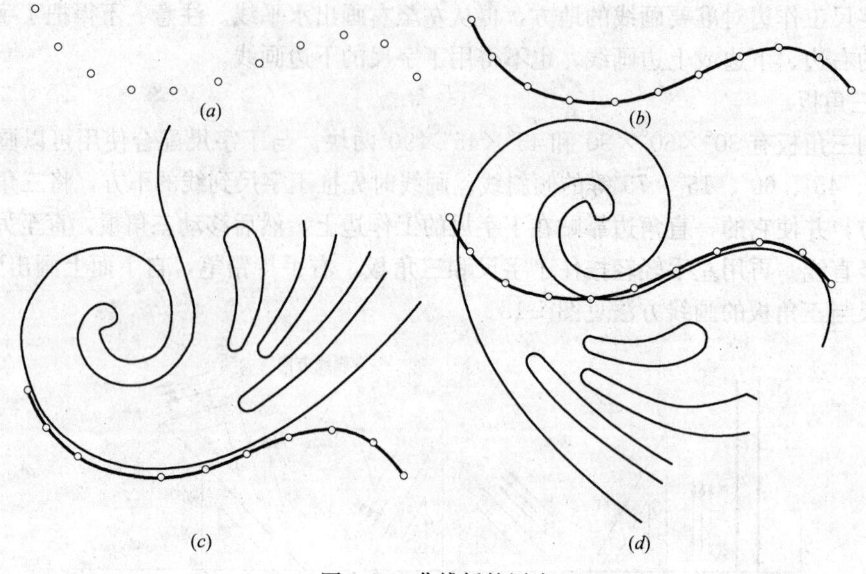

图 1-20 曲线板的用法

1.2.2 制图仪器

1. 圆规

圆规是画圆或圆弧的仪器。圆规在使用前应先调整针脚，使针尖略长于铅芯（或墨线笔头），铅芯应磨削成 65°的斜面，斜面向外。画圆或圆弧时，可由左手食指来帮助针尖扎准圆心，调整两脚距离，使其等于半径长度；从圆的中心线开始，顺时针转动圆规，同时使圆规朝前进方向稍微倾斜，圆和圆弧应一次画完（见图 1-21）。

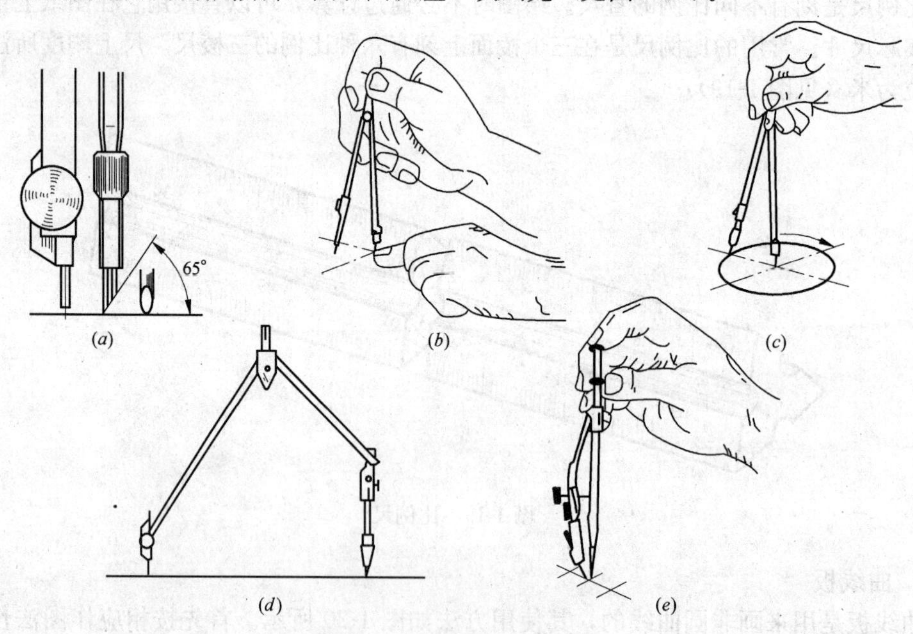

图 1-21 圆规的使用方法

2. 分规

分规是截量和等分线段的仪器。它的两针必须等长。

3. 直线笔

直线笔又叫鸭嘴笔，是描图上墨的仪器。(见图 1-22*a*)。使用时注意事项见图 1-23。

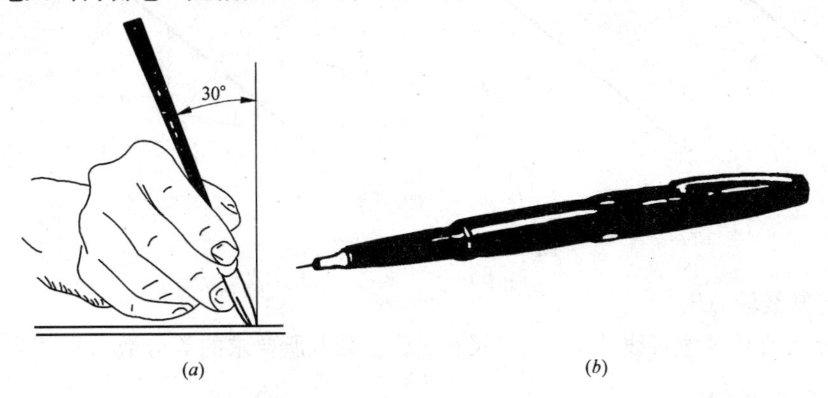

图 1-22　直线笔和绘图墨水笔

(*a*) 直线笔；(*b*) 绘图墨水笔

4. 绘图墨水笔

绘图墨水笔又叫针管笔，它能像普通钢笔那样吸墨水、储存墨水，描图时不需频频加墨(见图 1-22*b*)。管尖的管径从 0.1mm 到 1.0mm，有多种规格，视要求选用。绘图墨水笔使用和携带均较方便。必须注意的是，每一支笔只可画一种线宽，用后洗净才能存放盒内。

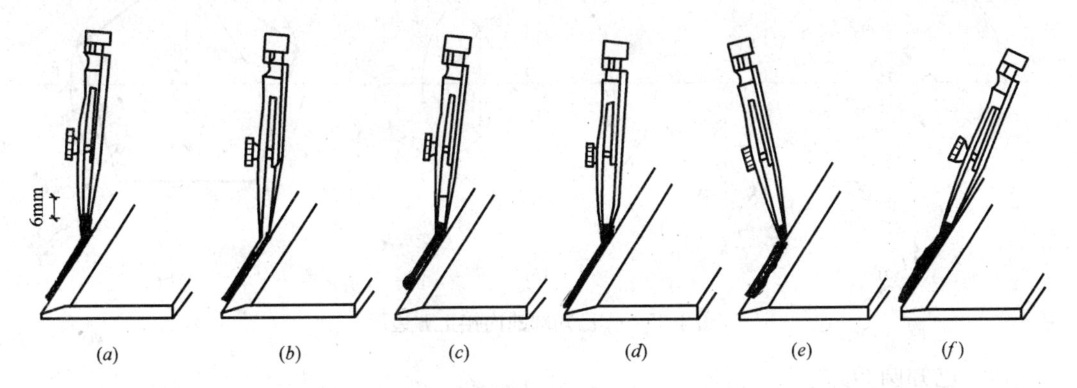

图 1-23　直线笔使用时应注意的问题

(*a*) 适当；(*b*) 墨水过少；(*c*) 墨水过多；(*d*) 适当；(*e*) 笔杆外倾；(*f*) 笔杆内倾

1.2.3　制图用品

常用的制图用品有：铅笔、小刀、橡皮、绘图墨水、胶带纸、毛刷、建筑模板、擦线板等。

1.3　几何图形的画法

制图过程中经常会遇到线段的等分、正多边形的画法、圆弧连接、椭圆画法等几何作图问题，工程技术人员必须熟练地掌握这些几何作图的方法。现介绍如下：

1.3.1　线段的等分

等分已知的线段 AB，如图 1-24 所示。

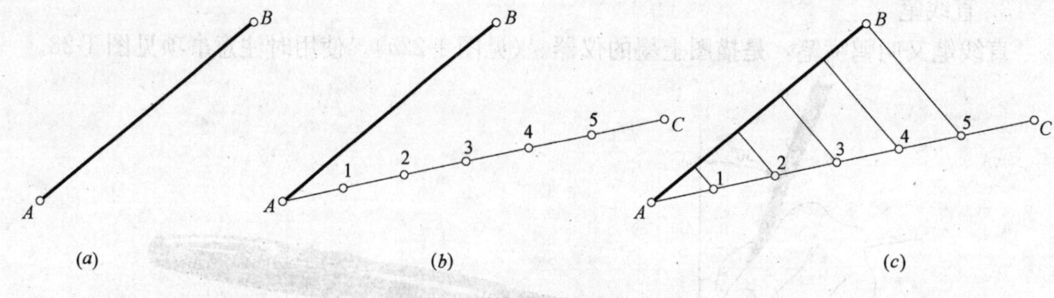

图 1-24　等分已知线段 AB

（1）已知线段 AB。

（2）过 A 点作任意直线 AC，用直尺在 AC 上截取所要求的等分数（本例为五等分），得 1、2、3、4、5 点。

（3）连接 $B5$ 两点，过其余点分别作 $B5$ 的平行线，它们与 AB 的交点就是所要求的等分点。

1.3.2　作已知圆的内接正五边形

作已知圆的内接正五边形，如图 1-25 所示。

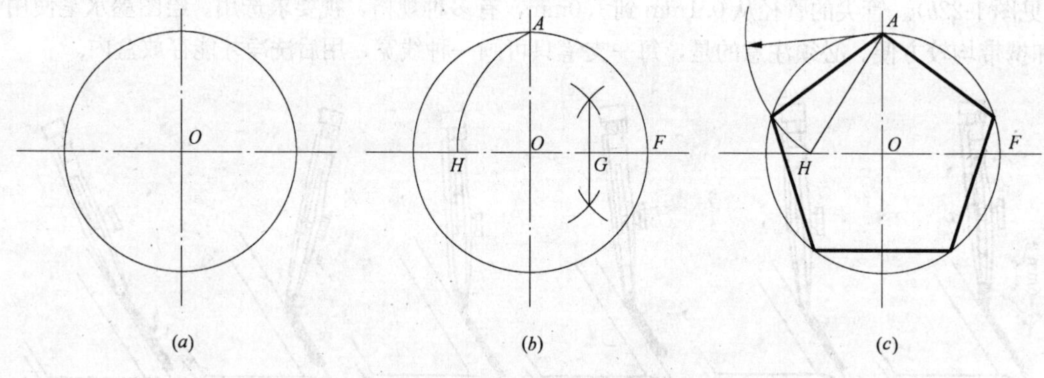

图 1-25　作已知圆的内接正五边形

（1）已知圆 O。

（2）作半径 OF 的等分点 G，以 G 为圆心，以 GA 为半径作圆弧，交直径于 H。

（3）以 AH 为半径，分圆周为五等分。顺次连各等分点，即为所求。

1.3.3　圆弧连接

圆弧连接，实际上就是圆弧与直线以及不同圆弧之间连接的问题。作图时，可根据已知条件，准确地求出连接圆弧的圆心位置，以及连接圆弧与已知圆弧或直线平滑过渡的连接点（切点）的位置。两圆弧间的圆弧连接，若连接点在已知圆弧的圆心与连接圆弧的圆心的连线上，称为外切；若在这延长线上，则称为内切。

不同的圆弧连接举例见表 1-6。

1.3.4　椭圆画法

1. 同心圆法作椭圆

同心圆法作椭圆如图 1-26 所示。

（1）已知椭圆的长轴 AB 和短轴 CD。

圆　弧　连　接　　　　表 1-6

名称	已知条件和作图要求	作图步骤		
两直线间的圆弧连接	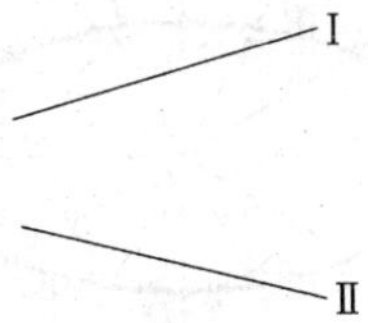 已知连接圆弧的半径为 R，使此圆弧切于相交两直线Ⅰ、Ⅱ	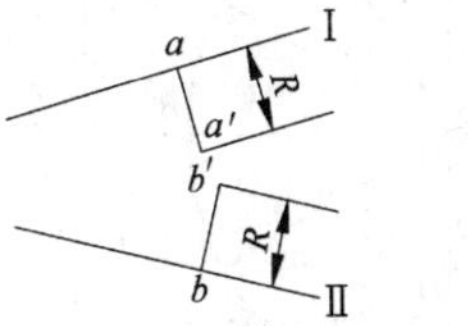 1. 在直线Ⅰ和Ⅱ上分别任取 a 及 b 点，自 a、b 作 aa' 垂直于直线Ⅰ，bb' 垂直于直线Ⅱ，并使 $aa'=bb'=R$	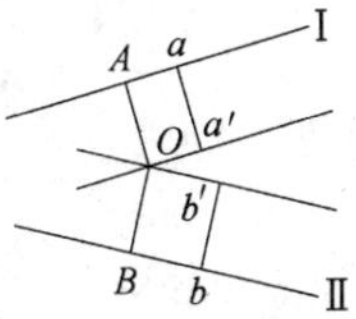 2. 过 a' 及 b' 分别作直线Ⅰ、Ⅱ的平行线。两直线相交于 O；自 O 作 OA 垂直于直线Ⅰ，作 OB 垂直于直线Ⅱ，A、B 即为切点	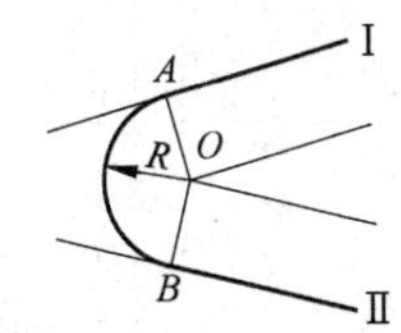 3. 以 O 为圆心，R 为半径作圆弧，连接两直线于 A、B，即完成作图
直线和圆弧间的圆弧连接	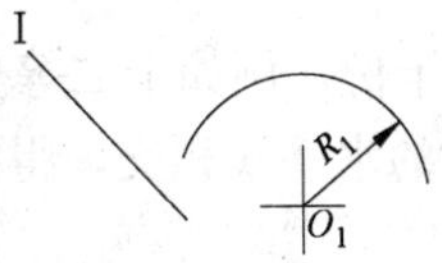 已知连接圆弧的半径为 R，使此圆弧切于直线Ⅰ和中心为 O_1，半径为 R_1 的圆弧相外切	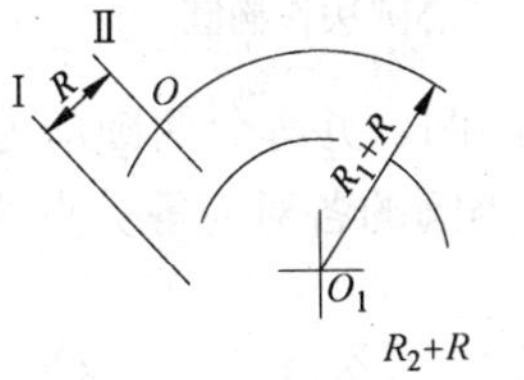 1. 作直线Ⅱ平行于直线Ⅰ（其间距为 R）；再作已知圆弧的同心圆（半径为 R_1+R），与直线Ⅱ相交于 O	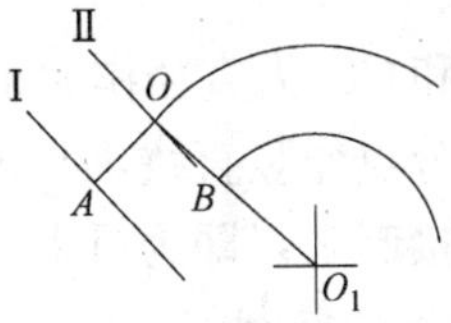 2. 作 OA 垂直于直线Ⅰ，连 OO_1 交已知弧于 B，A、B 即为切点	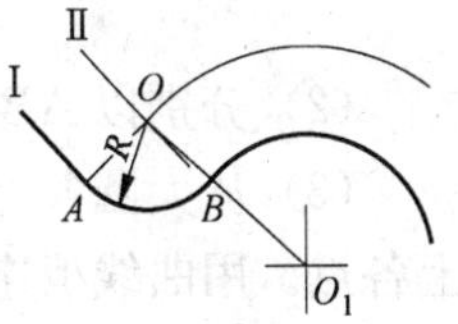 3. 以 O 为圆心，R 为半径作圆弧，连接直线Ⅰ和圆弧 O_1 于 A、B，即完成作图
两圆弧间的圆弧连接	 已知连接圆弧的半径为 R，使此圆弧同时与中心为 O_1、O_2 半径为 R_1、R_2 的圆弧相外切	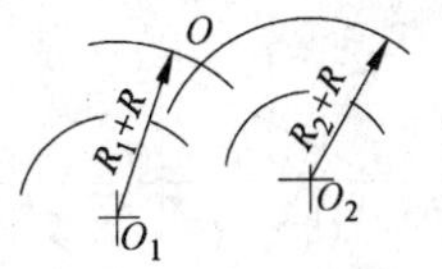 1. 分别以（R_1+R）及（R_2+R）为半径，O_1、O_2 为圆心，作圆弧相交于 O	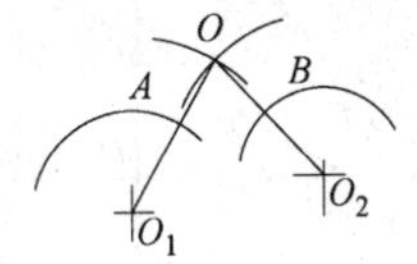 2. 连 OO_1 交已知圆弧于 A；连 OO_2 交已知圆弧于 B，A、B 即为切点	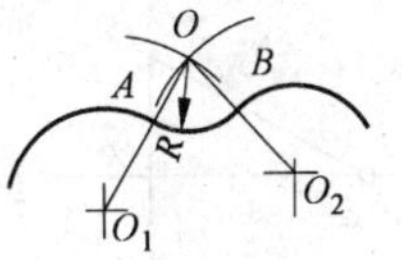 3. 以 O 为圆心 R 为半径作圆弧，连接两已知圆弧于 A、B，即完成作图
	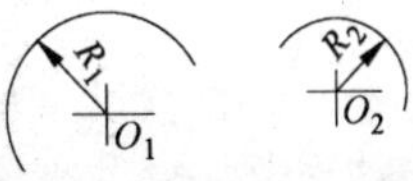 已知连接圆弧的半径为 R，使此圆弧同时与中心为 O_1、O_2 半径为 R_1、R_2 的圆弧相内切	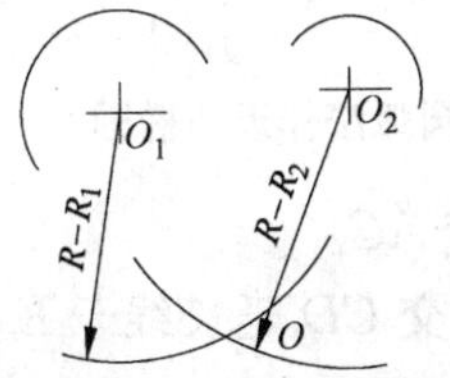 1. 分别以（$R-R_1$）及（$R-R_2$）为半径，O_1、O_2 为圆心，作圆弧相交于 O	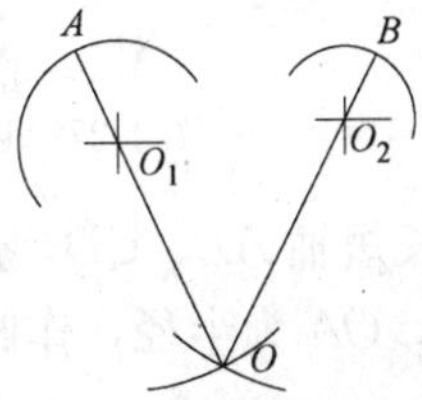 2. 连 OO_1 交已知圆弧于 A；连 OO_2 交已知圆弧于 B，A、B 即为切点	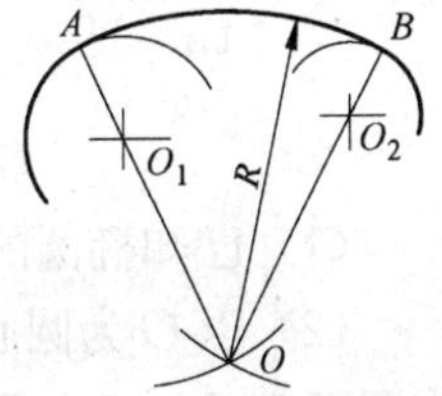 3. 以 O 为圆心、R 为半径作圆弧，连接两已知圆弧于 A、B，即完成作图
	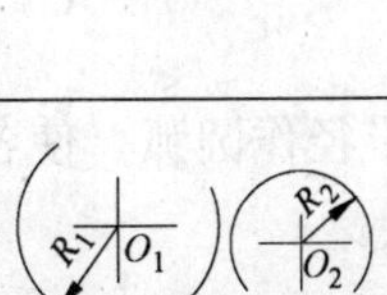 已知连接圆弧的半径为 R，使此圆弧同时与中心为 O_1、半径为 R_1 的圆弧内切，与中心为 O_2 半径为 R_2 的圆弧外切	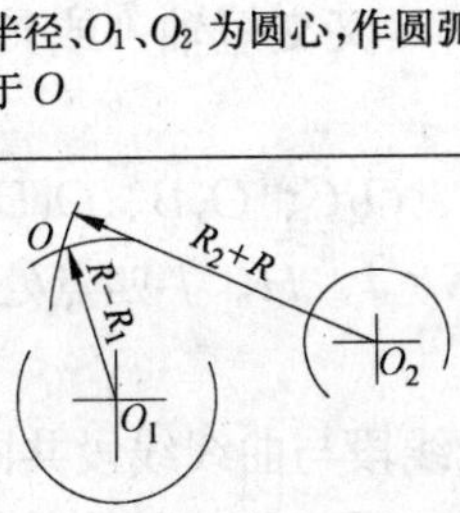 1. 分别以（$R-R_1$）及（R_2+R）为半径，O_1、O_2 为圆心，作圆弧相交于 O	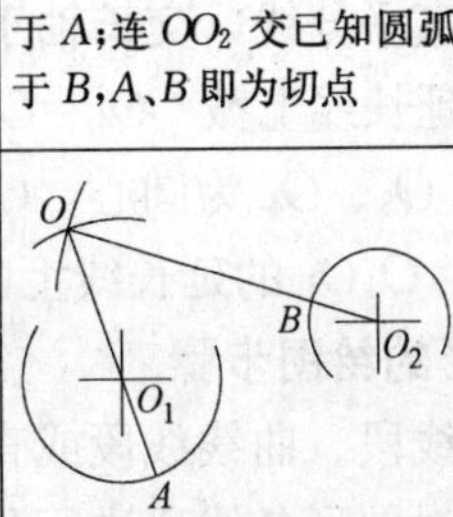 2. 连 OO_1 交已知圆弧于 A；连 OO_2 交已知圆弧于 B，A、B 即为切点	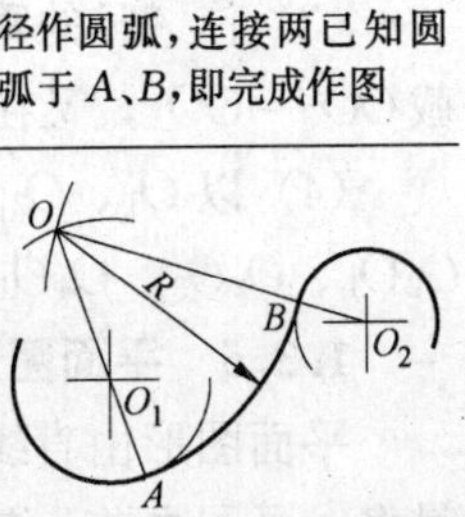 3. 以 O 为圆心，R 为半径作圆弧，连接两已知圆弧于 A、B，即完成作图

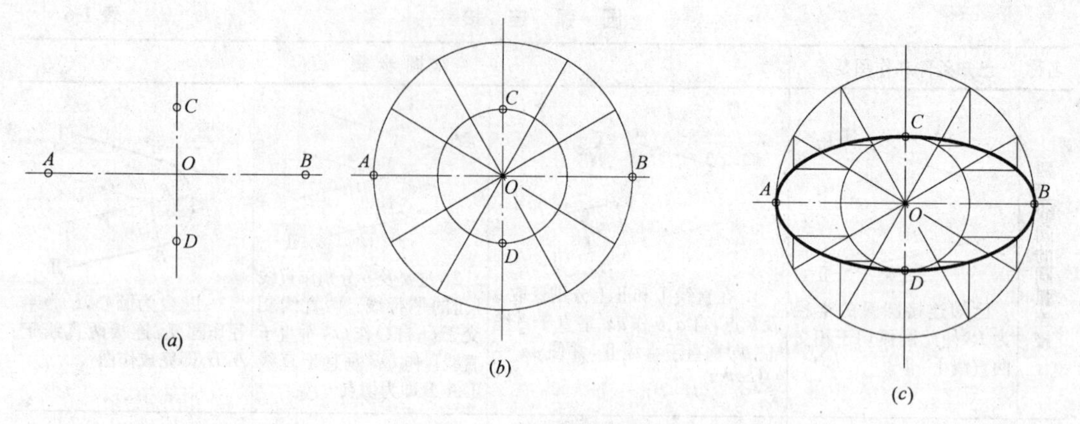

图 1-26 同心圆法作椭圆

(2) 分别以 AB 和 CD 为直径作大小两圆，并等分两圆周为若干份，例如十二等分。

(3) 从大圆各等分点作竖直线，与过小圆的各对应等分点所作的水平线相交，得椭圆上各点。用曲线板连接起来，即为所求。

2. 四心圆弧法作近似椭圆

四心圆弧法作近似椭圆如图 1-27 所示。

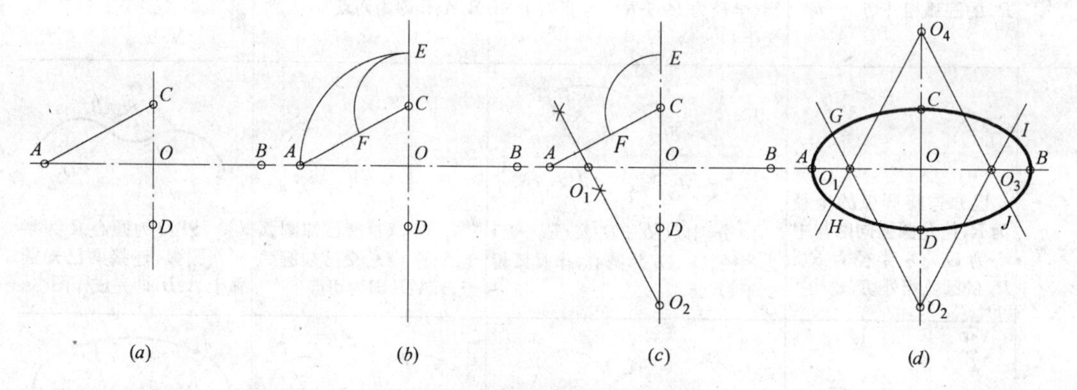

图 1-27 四心圆弧法作近似椭圆

(1) 已知椭圆的长短轴 AB、CD，连接 AC。

(2) 以 O 为圆心，OA 为半径，作圆弧交 CD 延长线于 E。以 C 为圆心，CE 为半径作圆弧交 CA 于点 F。

(3) 作 AF 的垂直平分线，交长轴于 O_1，又交短轴（或其延长线）于 O_2。在 AB 上截 $OO_3=OO_1$，又在延长线上截 $OO_4=OO_2$。

(4) 以 O_1、O_2、O_3、O_4 为圆心，O_1A、O_2C、O_3B、O_4D 为半径作圆弧，使各弧在 O_2O_1、O_2O_3、O_4O_1、O_4O_3 的延长线上的 G、I、H、J 四点处连接。

1.3.5 平面图形的绘图步骤

平面图形由直线线段、曲线线段或直线线段与曲线线段共同构成。曲线线段以圆弧为最多。画图之前，要对图形各线段进行分析，明确每一段的形状、大小和相对位置，然后分段画出，最后完成整个图形的作图。现以把手为例加以说明，如图 1-28。

(1) 认真分析图形和所标注的尺寸，明确哪些是可以直接作图的直线和圆弧，哪些是

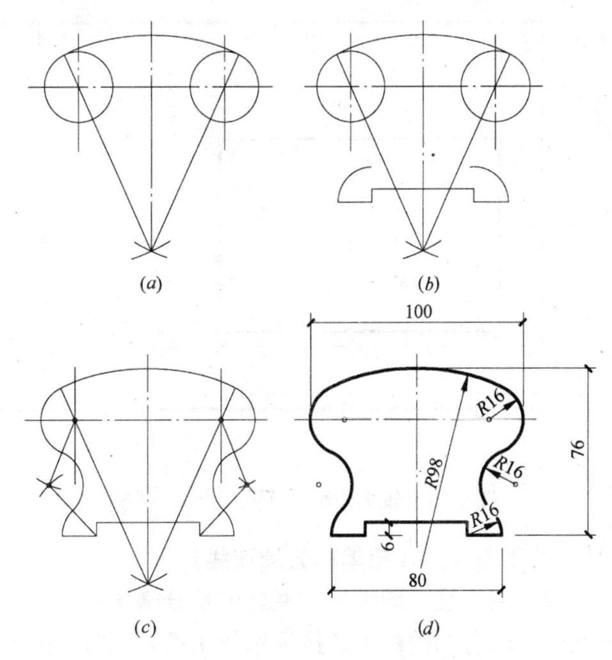

图 1-28 平面图形的绘图步骤

连接圆弧。

(2) 在图面上确定图形的基准线或对称线、中心线、轴线的位置，并定出图形上的定位点或定位直线。

(3) 按要求作出已知线段和圆弧。

(4) 用几何作图求出连接圆弧。

(5) 按线型要求加深图线。

(6) 标注尺寸。

1.4 绘图方法和步骤

为了保证图样的质量和提高制图的工作效率，除了要养成正确使用制图工具和仪器的良好习惯外，还必须掌握图线线型画法以及正确的绘图步骤。

绘图的步骤及方法随图的内容和各人的习惯而不同，这里建议的是一般的绘图步骤和方法。

1.4.1 绘图前的准备工作

(1) 把制图的工具、仪器、画图桌及画图板等用布擦干净。在绘图过程中亦须经常保持清洁。

(2) 根据需绘图的数量、内容及大小，选定图纸幅面大小（即哪一号纸)。有时还要按照选定的图幅进行裁纸。

(3) 在画图板上铺定一张较结实而光洁的白纸（如铜板纸)，再把绘图纸固定在白纸上。如果图纸较小，应靠近左边来固定，使离画图板左边约 5cm，离下边约 1 至 2 倍的丁字尺的宽度，如图 1-29 所示。

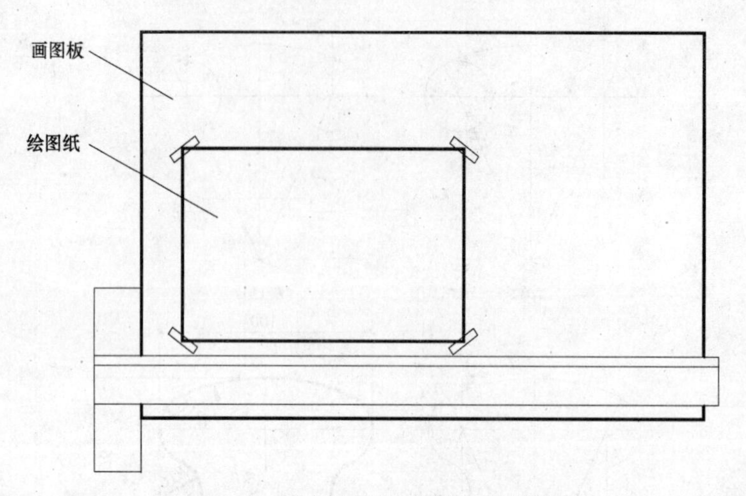

图 1-29　较小图纸在画图板上的位置

1.4.2　画稿线（一般用 H 或 2H 铅笔画轻细稿线）

（1）先画图纸幅面线、图框线、图纸标题栏外框及分格线等。

（2）安排整张图纸中应画各图的位置。按采用的比例并同时考虑预留标注尺寸、文字注释、各图间的净间隔等所需的位置，务使图纸上各图安排得疏密匀称，并使既节约图幅而又不拥挤。

（3）应根据需画图形的类别和内容来考虑先画哪一个图形。例如，画独立的或各自组成的图，可以从左上方的一个图或一组图开始，又如画房屋的平面图和与之上下对应的立面图，则先从左下方画平面图开始，然后再对准立面图。

逐个绘制各图的轻细铅笔稿线，包括画上尺寸界线、尺寸线、尺寸起止符号（起止短划或箭头）等稿线，以及铅笔注写尺寸数字等。

画完一个图或一组图后，再画另一组图。

倘若画的图中有轴线或中心线，应先画轴线或中心线，再画主要轮廓线，然后画细部的图线。

对于图例部分可以不画稿线，或只画一小部分稿线，在画铅笔加深时再直接画上。

（4）画其他图线如剖切位置线、符号等。

（5）按照字体要求，画好格子稿线，书写各图名称、比例、剖切编号、注释文字等字稿，注意字体的整齐、端正。

（6）完成各图稿线后，校对无误，方可加深铅笔线。

1.5　徒手画图

不用绘图仪器和工具，而以目估比例的方法手画出图来，称为徒手画图。

实际工作中，在选择视图、配置视图、实物测绘、参观记录、方案设计和技术交流过程中，常常需要徒手画图。因此徒手画图是每个工程技术人员必须掌握的技能。

徒手画出的图，称为草图，但决非指潦草的图。草图也要基本上达到视图表达准确、图形大致符合比例、线型符合规定、线条光滑、直线尽量挺直、字体端正和图面整洁等要求。

1.5.1 直线的徒手画法

画水平线和竖直线时的姿势，可以参照图 1-30。执笔不宜过紧、过低。画短线时，图纸可以放得稍斜，对于固定的图纸，则可适当调整身体位置。徒手画竖直线时，应自上往下画，如图 1-30（*b*）所示。图线宜一次画成，对于较长的直线，可以分段画出。

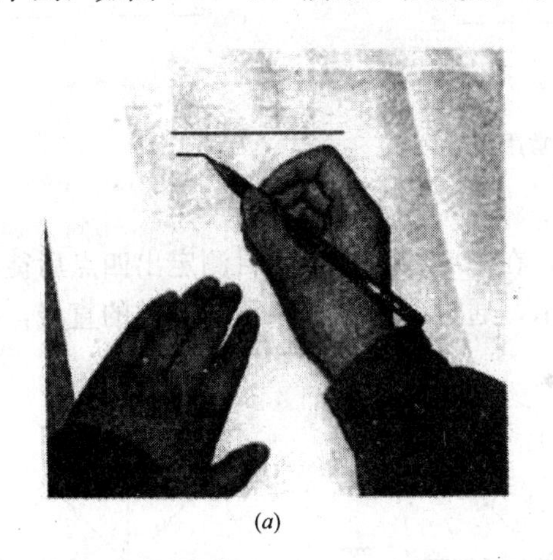

(*a*)

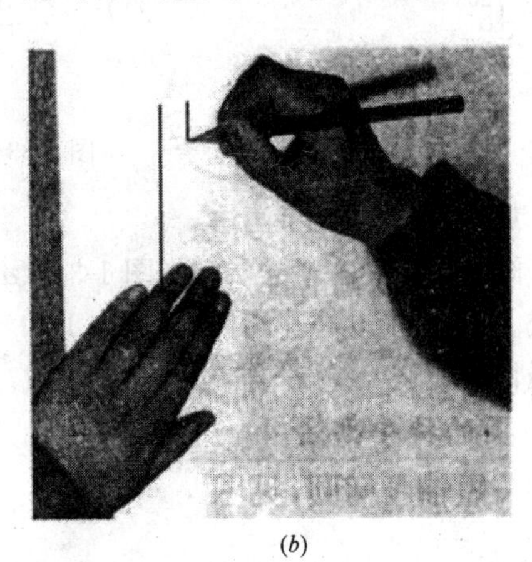

(*b*)

图 1-30 徒手画直线的姿势

（*a*）画水平线；（*b*）画垂直线

1.5.2 线型及等分线段

图 1-31 所示为徒手画出的不同线型的线段。图 1-32 所示为目测估计来徒手等分直线，等分的次序如图线上下方的数字所示。

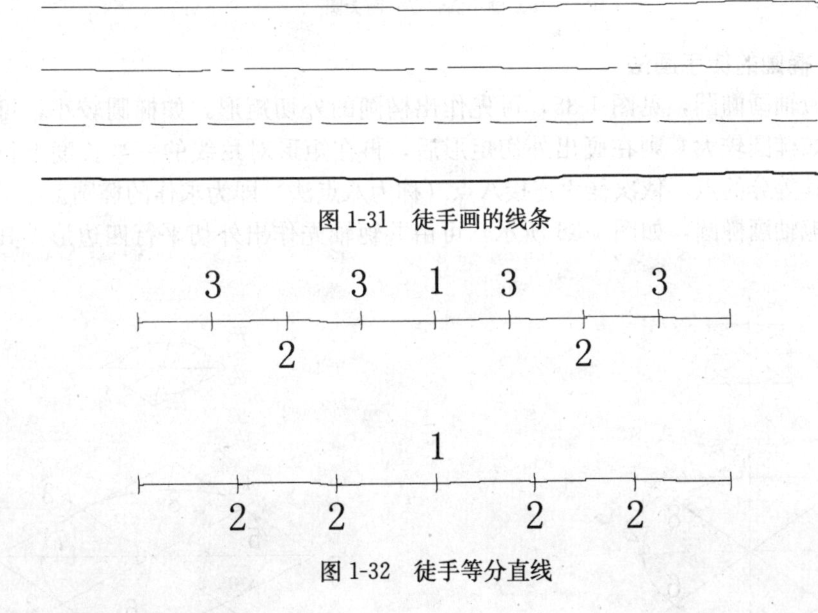

图 1-31 徒手画的线条

图 1-32 徒手等分直线

1.5.3 斜线的徒手画法

画与水平线成 30°、45°等特殊角度的斜线，如图 1-33 所示，按两直角边的近似比例关系，定出两端点后连接画出；也可以采用近似等分圆弧的方法画出。

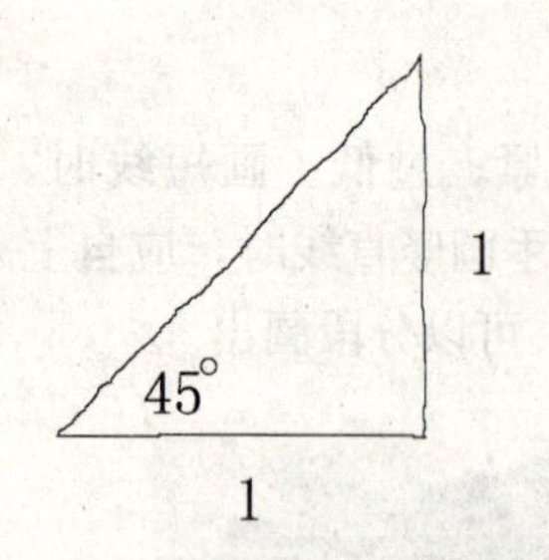

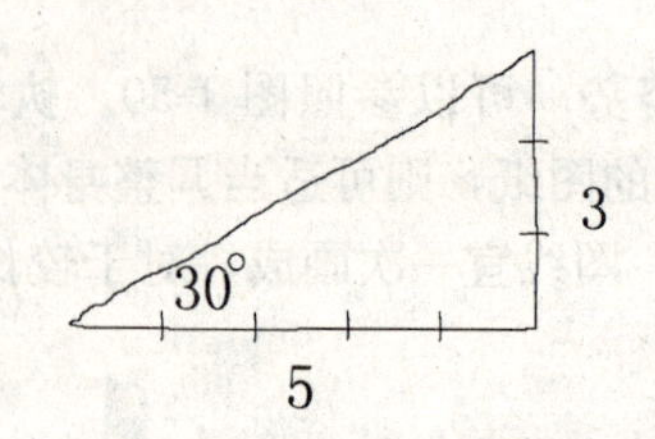

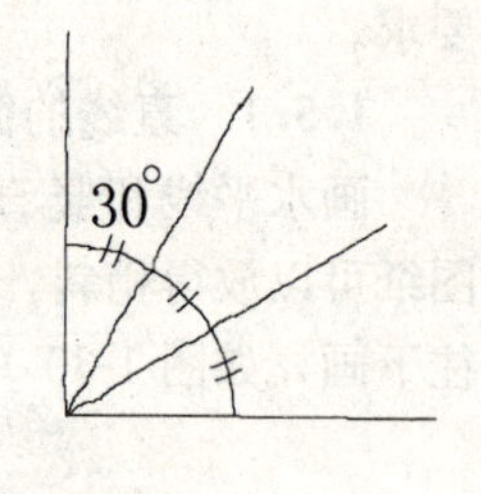

图 1-33　徒手作常用角度

1.5.4　圆的徒手画法

画直径较小的圆时，可如图 1-34（*a*）所示，在中心线上按半径目测定出四点后徒手连成。画直径较大的圆时，则可如 1-34（*b*）所示，通过圆心画几条不同方向的直线，按半径目测确定一些点，再徒手连接而成。

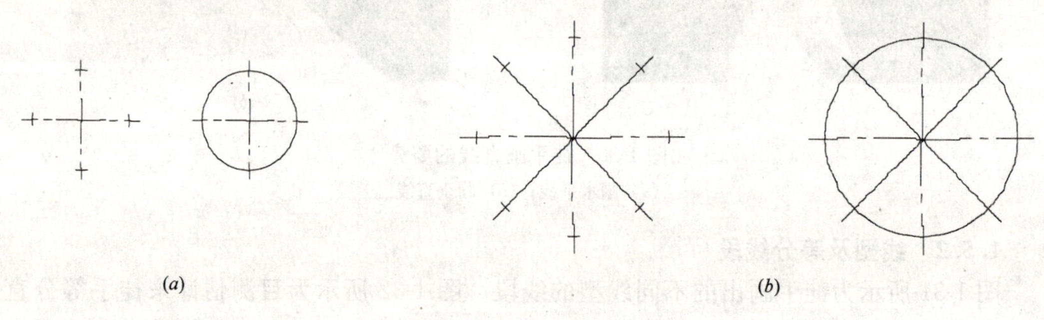

图 1-34　徒手画圆

（*a*）画小圆；（*b*）画大圆

1.5.5　椭圆的徒手画法

已知长短轴画椭圆，见图 1-35，可先作出椭圆的外切矩形，如椭圆较小，可以直接画出椭圆；如椭圆较大，则在画出外切矩形后，再在矩形对角线的一半长度上目测十等分，并定出其等分的点，依次徒手连接八点（称为八点法）即为求作的椭圆。

已知共轭轴画椭圆，如图 1-36 所示，可由共轭轴先作出外切平行四边形，其余作法与上述相同。

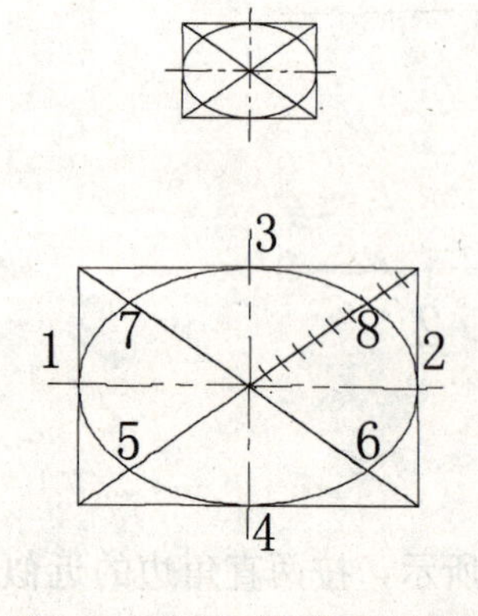

图 1-35　由长短轴徒手作椭圆

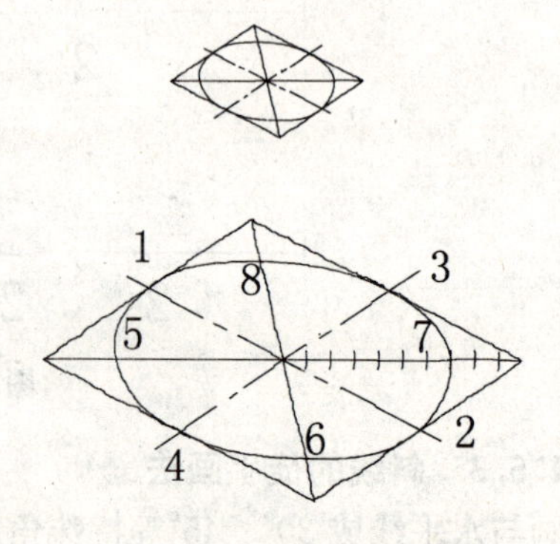

图 1-36　由共轭轴徒手作椭圆

复习思考题

1. 图幅和图框有什么区别？A3 图纸幅面的尺寸为多少？

2. A3 图纸是由 A0 图纸几次对裁而成？图纸左边应留多少毫米？

3. 什么是字号？试说明字号与字高、字宽的关系。

4. 汉字、数字和字母的写法有什么要求？

5. 图线的线型有几种？粗线、中线、细线三种线宽之比为多少？

6. 一个完整的尺寸由哪几部分组成？如果画图的比例不同，尺寸数字是否需要改变？

7. 绘图工具和仪器包括哪些？你会使用吗？

8. 当拉丁字母单独用作代号或符号时，不得使用哪三个字母，以免同阿拉伯数字的 1，0 及 2 相混淆？

9. 当数字、字母与汉字并列书写时，它们的字高应比汉字的字高小几号？

10. 试说明平面图形的绘图步骤。

第2章　投影制图

本章主要讲述组合体的投影图的画法、读法及尺寸标注方法，这将在制图的基本知识与技能、画法几何与专业制图之间架起一座承上启下的桥梁。

在工程制图中，常以观察者处于无限远处的视线来代替画法几何中正投影的投影线，将工程形体向投影面作正投影，所得的图形称为视图。因此，工程制图中的视图，就是画法几何中的正投影图。如将形体的三面投影图称三面视图或三视图。

2.1　形体的表示方法

2.1.1　六面投影图（六面视图）

在画法几何中，为了表达形体的形状和大小，我们建立了三投影面体系。在工程制图中，对于比较复杂的工程形体，仅绘制三面投影图还不能完整和清楚地表达其形状和大小时，则需要增加新的投影面，绘出新的投影图来表达。

对于某些形体，要得到从物体的下方、背后和右侧观看时的投影图。为此，再增设三个分别平行于 H、V、W 面的新投影面 H_1、V_1、W_1，从而得到六投影面体系。将形体置于其中，分别向六个投影面作正投影，其中 V 面保持不动，将其余投影面按规定展开到 V 面所在的平面上，便得到形体的六面投影图，称为基本投影图，如图 2-1 所示。

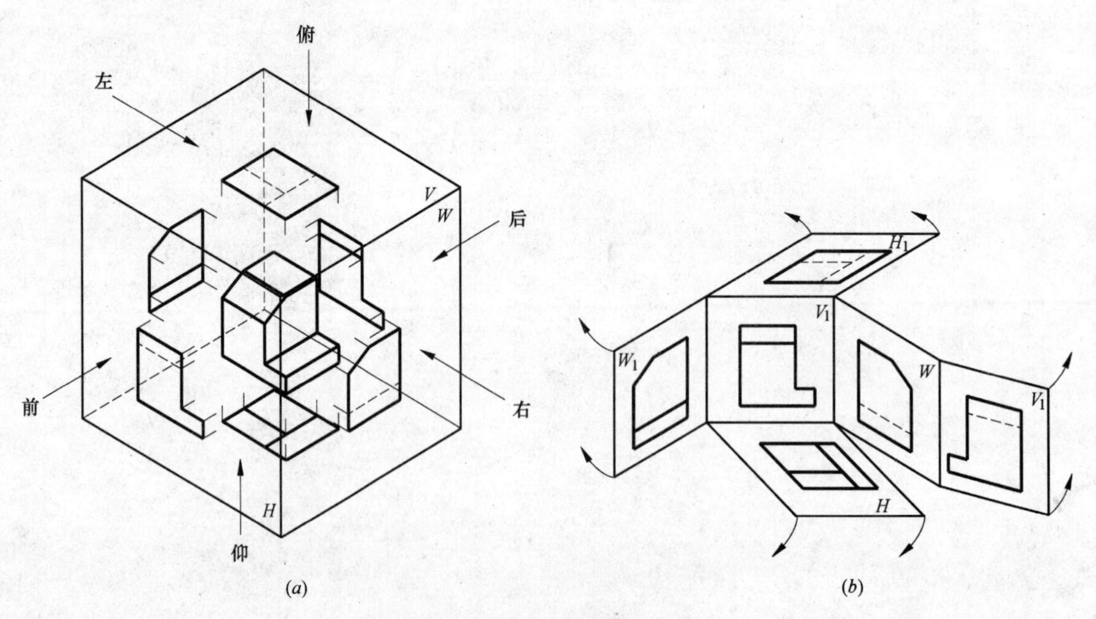

图 2-1　六面投影图的形成及展开

在工程制图中，把 H 投影称为平面图、V 投影称为正立面图、W 投影称为左侧立面图、W_1 称为右侧立面图、V_1 称为背立面图、H_1 称为底面图。其中平面图相当于观

看者面对 H 面，从上向下观看形体所得的投影图；正立面图是面对 V 面从前向后观看时所得的投影图；左侧立面图是面对 W 面从左向右观看时所得的投影图；而从右向左、从后向前、从下向上观看时所得的投影图分别是右侧立面图、背立面图和底面图。六个基本投影图的排列位置是一定的，当按规定位置摆放投影图时，图名可省略不标，如图 2-2 所示。

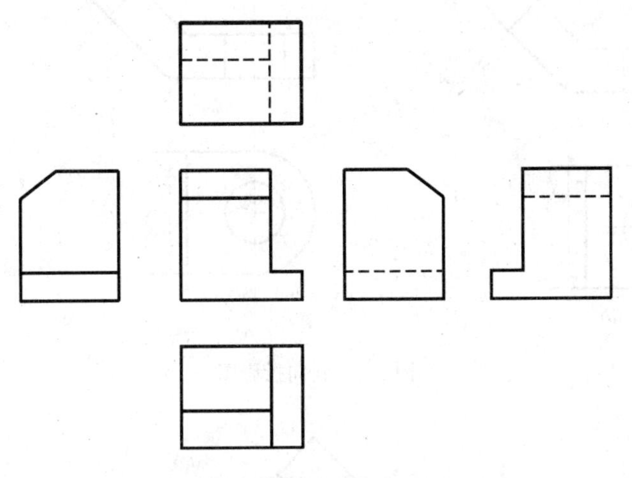

图 2-2　形体的六面投影图

如受图幅限制，投影图不能按规定位置摆放时，应标注投影图名称，如图 2-3 所示。

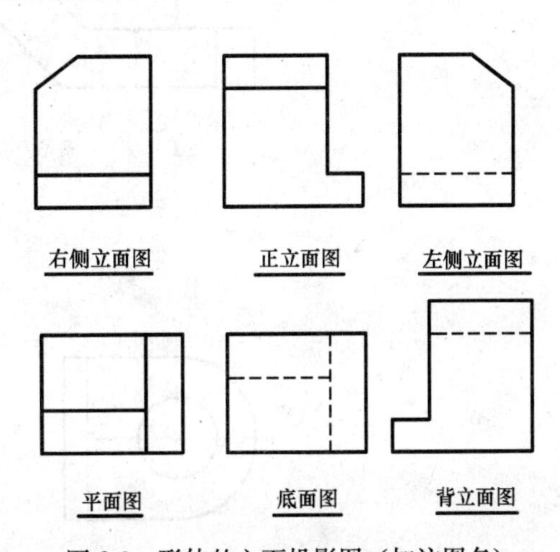

图 2-3　形体的六面投影图（加注图名）

2.1.2　斜向投影图（斜视图）

物体向不平行于任何基本投影面的平面作投影所得的投影图称为斜向投影图，如图 2-4 所示。

在图 2-4 中，形体的右方部分不平行于任何基本投影面，为了要得到反映该倾斜部分实形的投影图，可设置一个平行于该倾斜部分的辅助投影面，便得到图中 A 向所示的斜向投影图。

绘制斜向投影图时，应在基本投影图附近用箭头指明投影方向，并标注大写字母（如 A 向）。斜向投影图的下方用同样的大写字母注明其名称。这些字应沿水平方向书写。

斜向投影图最好布置在箭头所指的方向上，必要时允许将斜向投影图旋转成不倾斜而布置在任何位置，但这时应加注“旋转”两字。

斜向投影图只要求表示形体倾斜部分的实形，其余部分不必画出。需用波浪线表示断裂边界。

2.1.3　局部投影图（局部视图）

将形体的某一局部向基本投影面作投影所得的投影图，称为局部投影图，如图 2-5 所示。

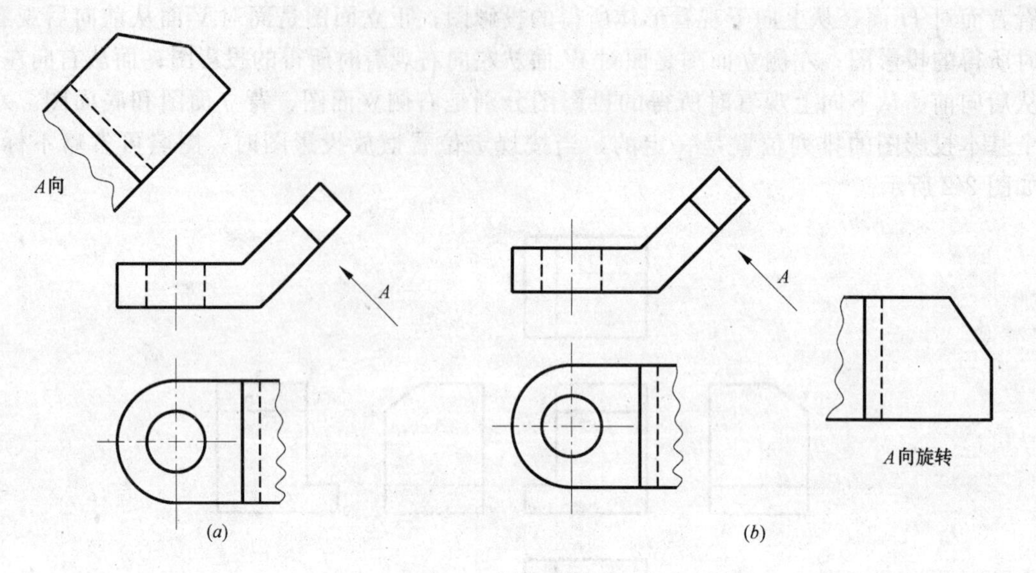

图 2-4　斜向投影图

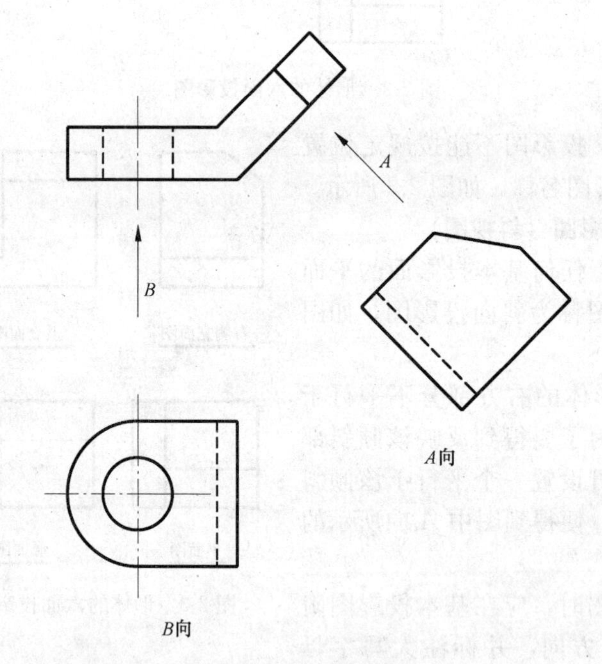

图 2-5　局部投影图

画局部投影图时，同斜向投影图一样，一般要用箭头表示它的观看方向，并注上字母，在相应的局部投影图上标注同样的字母。

当局部投影图按投影关系配置，中间又没有其他图形隔开时，可省略标注。如图 2-4 中的平面图，其实为局部投影图。因该平面图的观看方向和排列位置与基本投影图一致，所以不必画出箭头和注写字母。

局部投影图的边界线以波浪线表示，如图 2-4 中的平面图。但当所示部分以轮廓线为界时，则不需要画波浪线，如图 2-5 中的 B 向局部投影图。图 2-5 中的 A 向投影图为斜向投影图，由于其所示部分有轮廓线作边界，所以也不画波浪线。

2.1.4 展开投影图（展开视图）

当形体立面的某些部分与基本投影面不平行时，可将该部分展开至与投影面平行再作正投影。这时要在图名后加注“展开”字样，如图 2-6 所示。

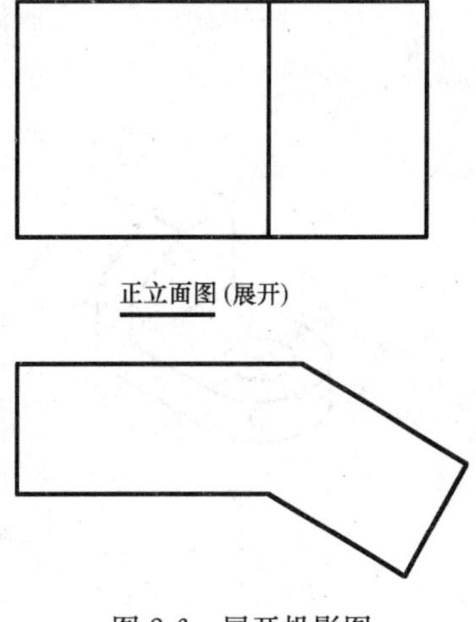

图 2-6 展开投影图

2.1.5 镜像投影图（镜像视图）

对某些工程构造用一般正投影不易表达时，可采用镜像投影，即假想用镜面代替投影面，在镜面中得到形体的垂直映像，这种图称为镜像投影图，如图2-7所示。

当用这种投影时，应在图名后加注“镜像”二字。

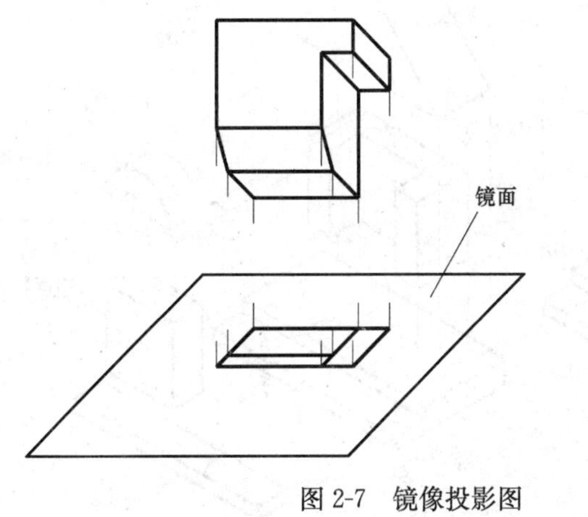

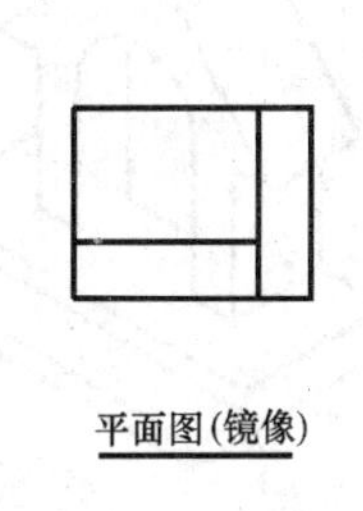

图 2-7 镜像投影图

2.2 组合体三面投影图的画法

2.2.1 形体分析

形状比较复杂的形体，可以看成是由一些基本几何体通过叠加或切割而成。如图 2-8 所示的组合体，可先设想为一个大的长方体切去左上方一个较小的长方体，或者由一块水平的底板和一块长方体竖板叠加而成。对于底板，又可以认为是由长方体和半圆柱体组合后再挖去一个竖直的圆柱体而形成的。

又如图 2-9 所示的小门斗，用形体分析的方法可把它看成由六个基本几何体组成。主体由长方体底板、四棱柱和横放的三棱柱组成，细部可看作是在底板上切去一个长方体，在中间四棱柱上切去一个小的四棱柱，在三棱柱上挖去一个半圆槽。

必须注意，组合体实际上是一个不可分割的整体，形体分析仅仅是一种假想的分析方法。如图 2-10 中的两棱柱，由于他们的前侧面位于同一平面上，因此不能在他们之间画一条分界线。

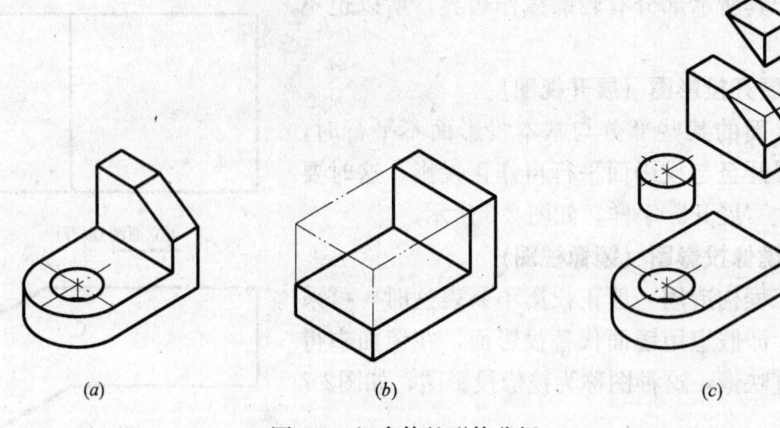

图 2-8　组合体的形体分析

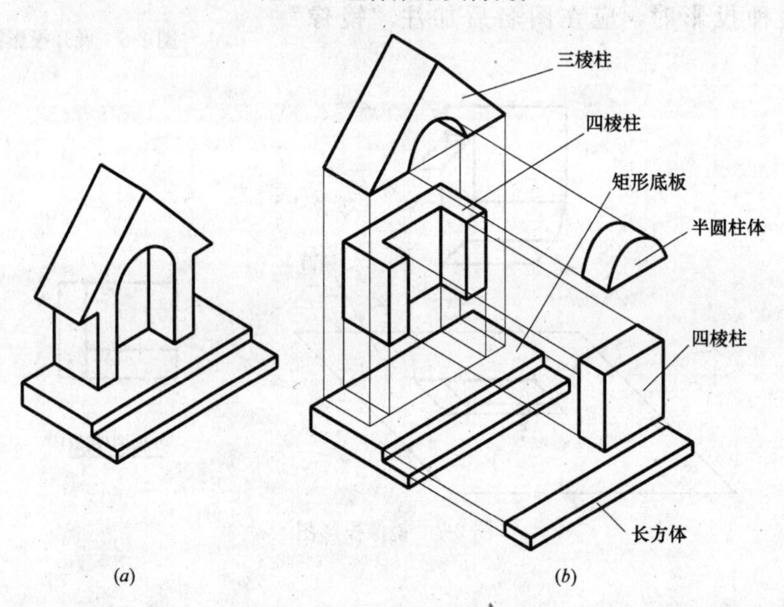

图 2-9　小门斗的形体分析

这种从几何观点把形体（组合体）分解成某些基本几何体的分析方法，称为形体分析法。通过对组合体进行形体分析，可把绘制较复杂的组合体的投影转化为绘制一系列比较简单的几何形体的投影。

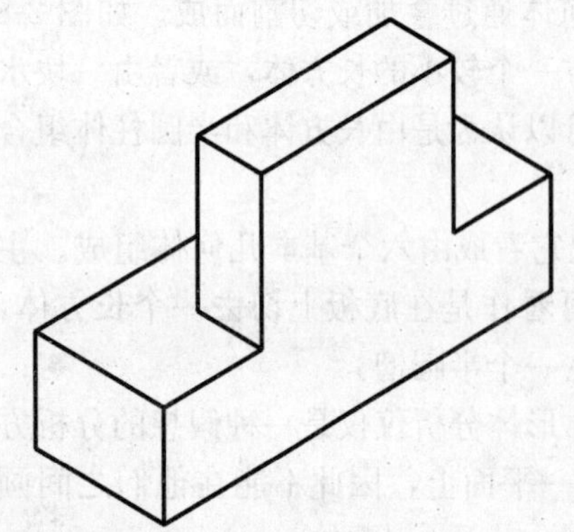

图 2-10　两棱柱的形体分析

2.2.2　投影选择

选择投影时，要求能够用最少数量的投影把形体表达完整、清晰。投影的选择虽然与形体的形状有关，但重要的是选择形体与投影面的相对位置。投影选择包括两个方面：一是选择正面投影，二是选择投影数量。

1. 正面投影的选择

画图时，正面投影一经确定，其他投影图的投影方向和配置关系也随之而定。选择正面投影方向时，一般应考虑以下几个原则：

(1) 正面投影应选择形体的特征面。所谓特征面，是指能显示出组成形体的基本几何体以及它们之间的相对位置关系的一面。如图 2-11 中 A 向为形体的特征面。

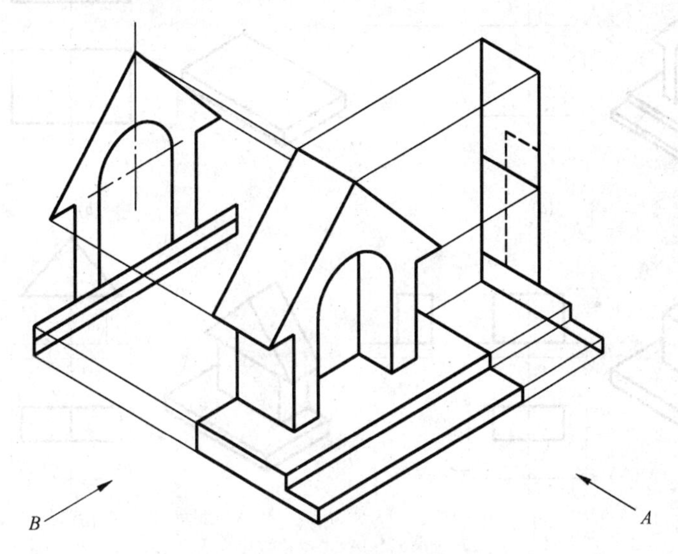

图 2-11　选择形体的特征面

(2) 选择正面投影时，还应考虑形体的自然位置和工作状态。如后面专业制图中，梁、柱等结构构件的配筋图都要与其工作时的位置相一致。

(3) 尽量减少图中虚线。如图 2-12 所示的形体，若分别将 A 向和 B 向作为正立面的投影方向，形成两组三面投影图。在图 2-12 (*a*) 中没有虚线，比 (*b*) 图更加真切地表达形体。

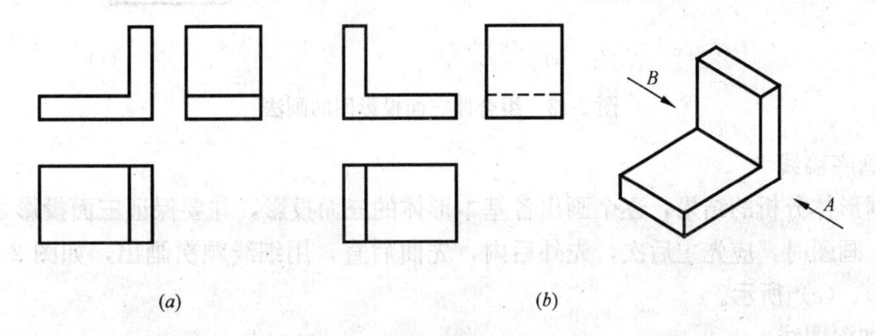

图 2-12　两组投影图的比较

2. 投影数量的选择

以正面投影为基础，在能够清楚地表示形体的形状和大小的前提下，选择其他投影。投影图的数量越少越好。对组合体而言，一般要画出三面投影图。对复杂的形体，还需增加其他投影图。

2.2.3　画图

1. 布置图面

根据投影图的数量和绘图比例选定图幅。在画图时，应首先用中心线、对称线或者基线，在图幅内定好各投影图的位置，如图 2-13（*a*）所示。

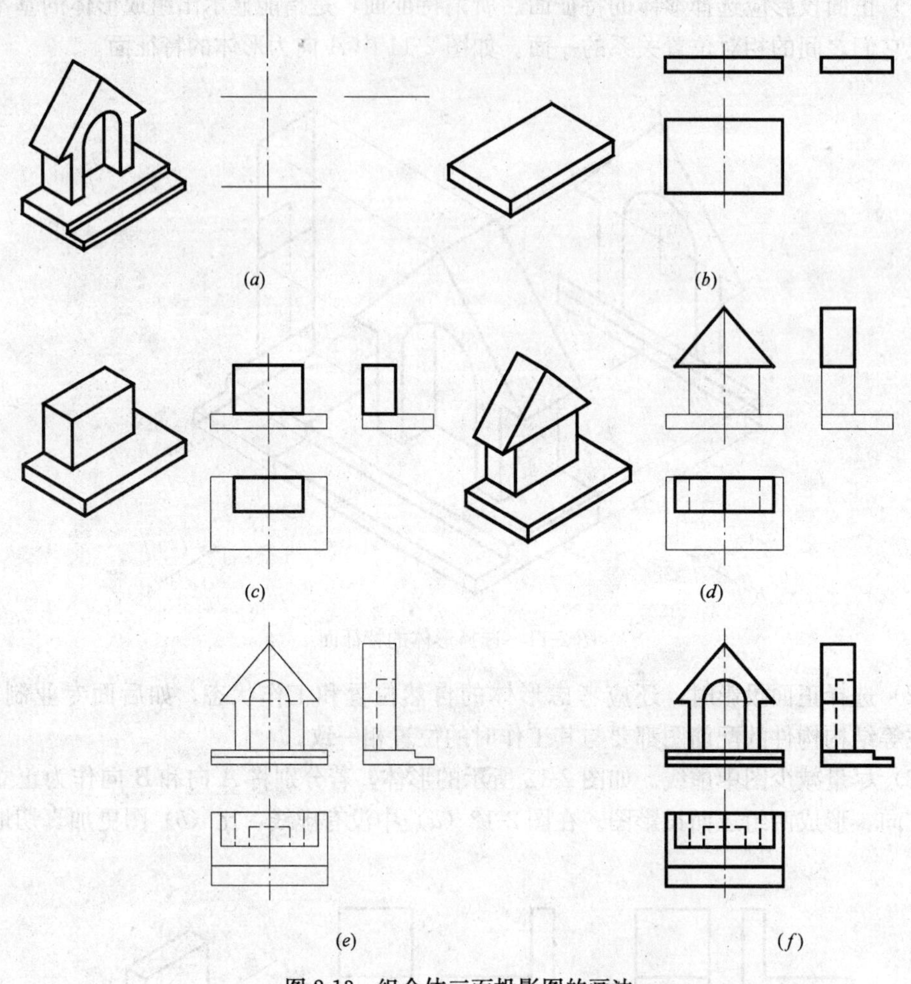

图 2-13　组合体三面投影图的画法

2. 画底稿线

根据形体分析的结果，逐个画出各基本形体的三面投影，并要保证三面投影之间的投影关系。画图时，应先主后次，先外后内，先曲后直，用细线顺次画出，如图 2-13（*b*）、（*c*）、（*d*）、（*e*）所示。

3. 加深图线

底稿完成后，经校对确认无误后，再按线型规格加深图线，如图 2-13（*f*）所示。

2.3　组合体的尺寸标注

2.3.1　基本几何体的尺寸

任何几何体都有长、宽、高三个方向的大小，所以在它的投影图上标注尺寸时，要把反映三个方向大小的尺寸都标注出来。

常见基本几何体的尺寸标注方法如图 2-14 所示。棱柱、棱锥应在平面图上标注长、

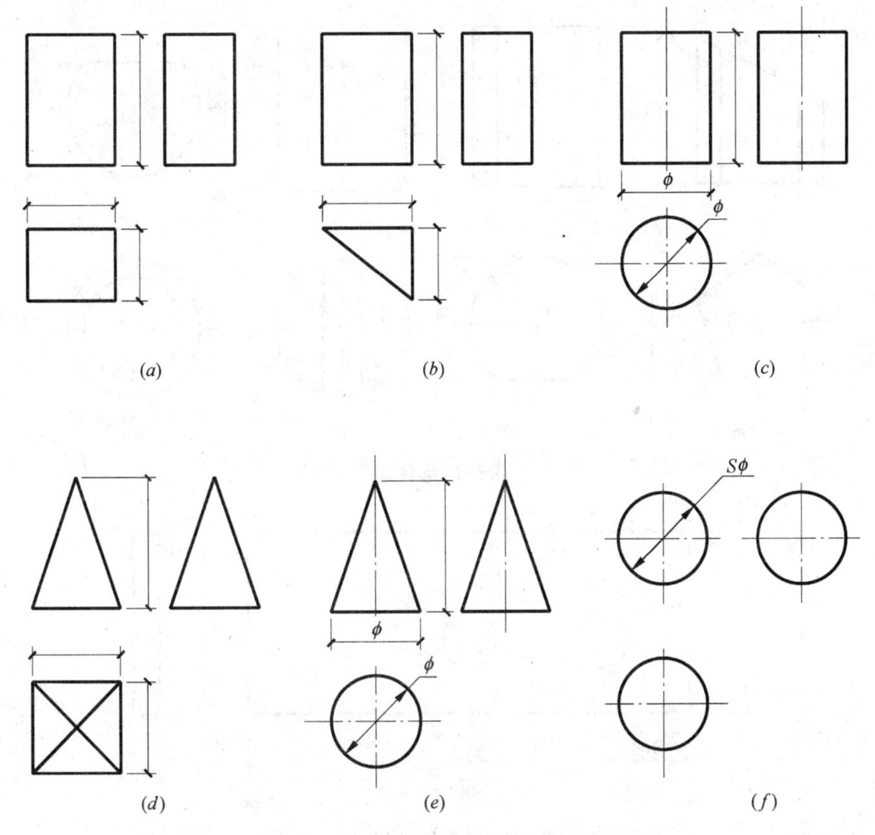

图 2-14　基本几何体的尺寸标注

(*a*) 长方体；(*b*) 三棱柱；(*c*) 圆柱；(*d*) 四棱锥；
(*e*) 圆锥；(*f*) 圆球

宽尺寸，在正立面图上标注高度尺寸。圆柱、圆锥应在平面图上标注圆的直径尺寸，在正立面图上标注高度尺寸。圆球只要标注直径尺寸。

对几何体标注尺寸后，有时可减少投影图的数量，例如当球体的直径尺寸被标在投影图上后，可以只用一个投影来表示。

2.3.2　带切口形体的尺寸

若基本几何体被截割，除应标出基本几何体的尺寸外，还应注出截平面的定位尺寸，如图 2-15 所示。由于形体与截平面的相对位置确定后，切口的交线已完全确定，因此不应再标注切口交线的尺寸。

2.3.3　组合体的尺寸

组合体的尺寸可以分为三类：定形尺寸、定位尺寸和总尺寸。

1. 定形尺寸

用以确定构成组合体的各基本几何体大小的尺寸称为定形尺寸。

如图 2-16 所示，钢板上的两个圆孔的定形尺寸是 ϕ60，钢板的定形尺寸是 500、200、30。

2. 定位尺寸

用以确定构成组合体的各基本形体之间相对位置的尺寸，称为定位尺寸。

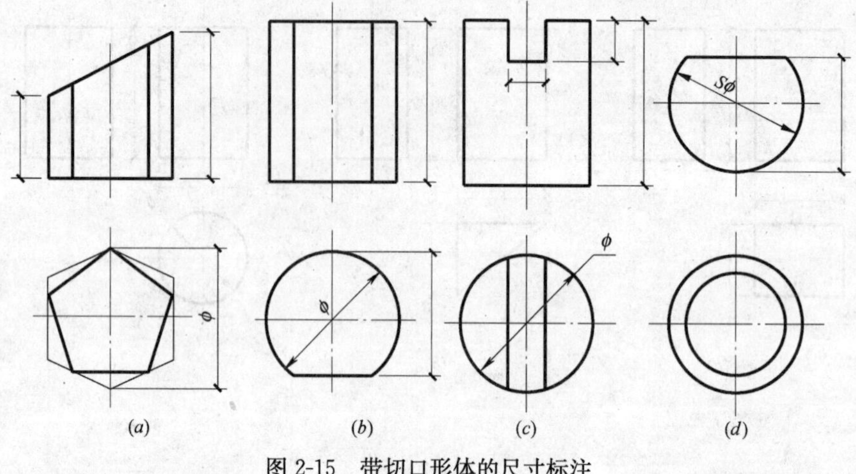

图 2-15　带切口形体的尺寸标注

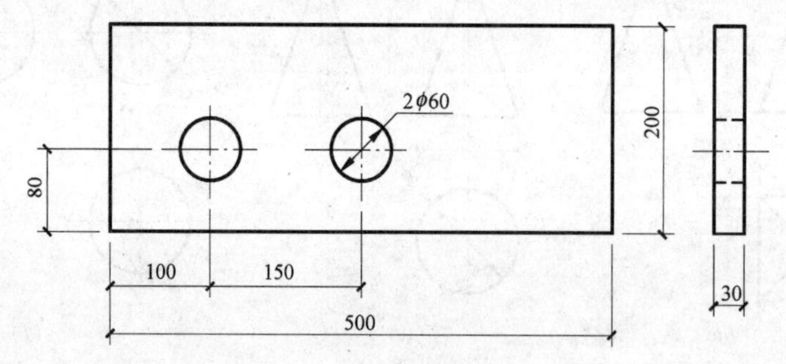

图 2-16　组合体的尺寸标注

标注定位尺寸要有基准。如图 2-16 中，左边圆孔以左端面为基准，X 向的定位尺寸为 100，以底面为基准，Z 向的定位尺寸为 80；右边圆孔以左边圆孔垂直中心线为基准，X 向的定位尺寸为 150，以底面为基准，Z 向的定位尺寸为 80。

在此应注意，一般回转体的定位尺寸，应标注到回转体的轴线上，不能标注到孔的边缘。

3. 总尺寸

用以确定组合体的总长、总宽和总高的尺寸称为总尺寸。

当基本几何体的定形尺寸与组合体的总尺寸数字相同时，两者的尺寸合二为一，不必重复标注。如图 2-16 中，500、200、30 既是钢板的定形尺寸，也是组合体的总尺寸。

4. 尺寸配置

在工程图中，尺寸的标注除了尺寸要齐全、正确、合理外，还应清晰、整齐、便于阅读。

(1) 定形尺寸应标注在能反映形体特征的投影图上。例如圆弧的直径或半径尺寸应标注在反映圆弧的投影上，如图 2-16 中的圆孔直径 ϕ60。

(2) 相关尺寸应尽量标注在两个投影图之间，并靠近某一个投影图，如图 2-16 中的 200。

(3) 尺寸尽量不标注在虚线上。

(4) 尽量把尺寸标注在投影轮廓线之外，但某些细部尺寸允许标注在图形内。

(5) 一个尺寸一般只标注一次，但在房屋建筑图中，必要时允许重复。

5. 尺寸标注示例（图 2-17）

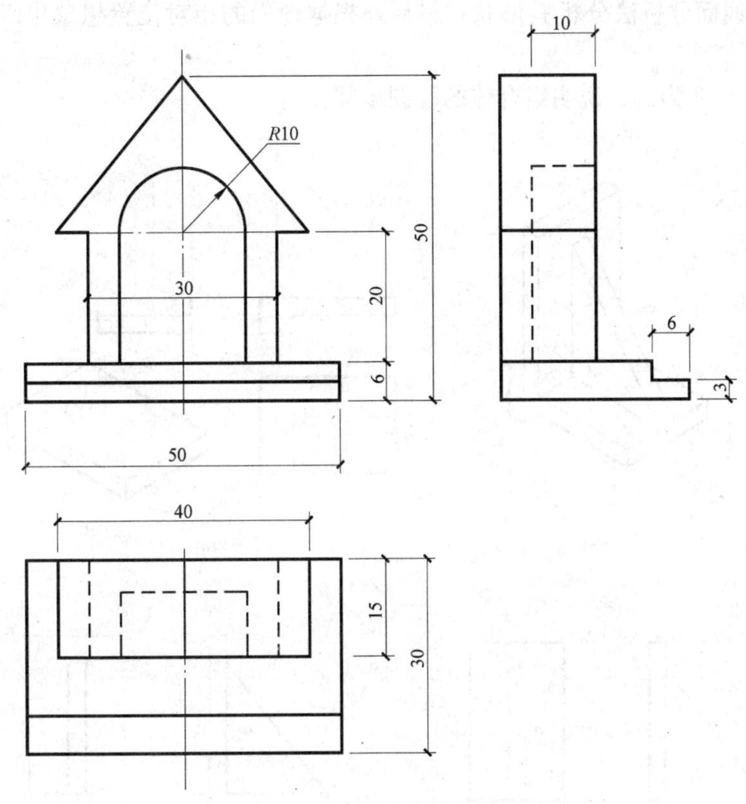

图 2-17　小门斗的尺寸标注

2.4　组合体投影图的识读

读图是画图的逆过程，读图的基本方法有两种：形体分析法和线面分析法。

2.4.1　形体分析法

在投影图上把形体分解成几个组成部分，根据每个组成部分的投影，想象出他们所表示的形体的形状，再根据各组成部分的相对位置关系，想象出整个形体的形状，这种读图的方法叫做形体分析法。

2.4.2　线面分析法

在对投影图进行形体分析的基础上，对投影图中难以看懂的局部投影，根据线、面的投影规律，逐一分析他们的形状和空间位置，这种方法称为线面分析法。

运用线面分析法读图，要掌握投影图中每一线框和每一线段所代表的空间意义。

投影图中的每一线框，一般是形体某一表面的投影。投影图中的每一线段，一般是投影面垂直面的积聚投影，或是两相交平面的交线，或是曲面体外形轮廓线的投影。

实际读图时，常以形体分析法为主，线面分析法为辅，综合运用。

任何一个形体的投影轮廓都是封闭的线框，因此读图时，首先在初读的基础上，把组合体大致划分成几个部分；其次在正面投影上找出封闭的线框，并利用“三等关系”找出各线框在其他投影面上的投影，想象出每一个线框所表示的形状，对各组成部分的细部，再进一步运用线面分析法分析其形状；最后，根据他们的相对位置想象出组合体的整体形状。

下面以图 2-18 为例，说明组合体的读图步骤。

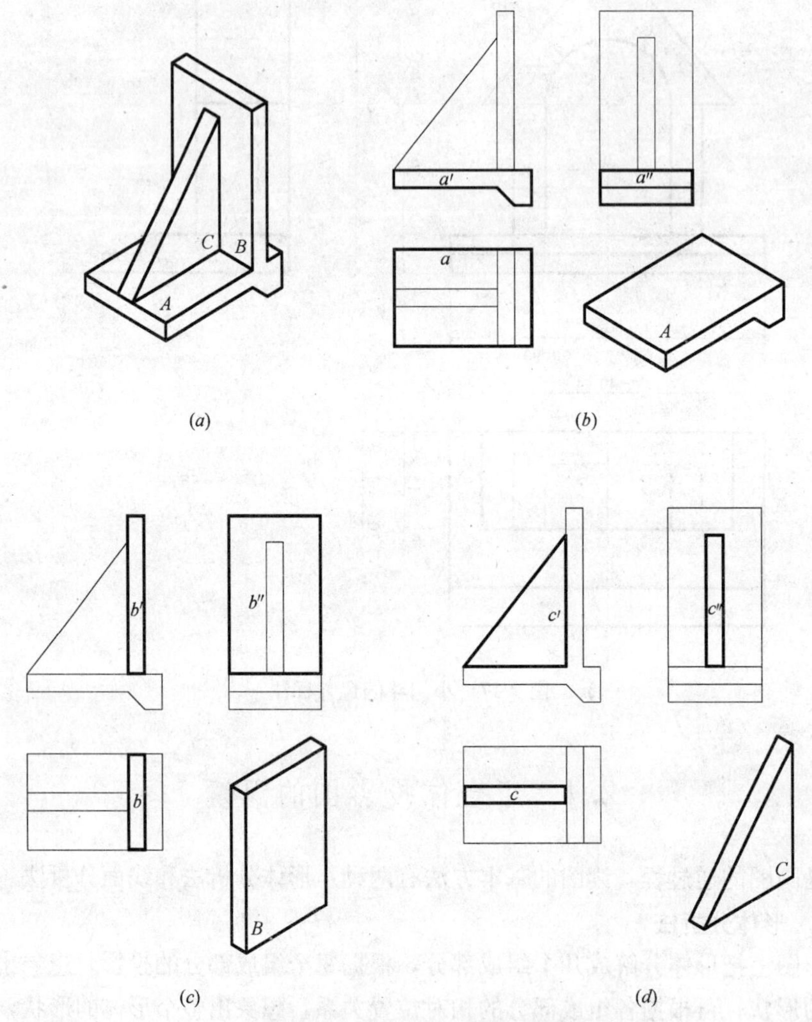

图 2-18 组合体的读图步骤

1. 分解投影

分析形体的特征投影（一般为正面投影），将该投影分解成 a'、b'、c'三个部分。

2. 对应投影

根据三等关系，分别找出 a、b、c 和 a''、b''、c''，并根据三投影想象出各部分所反映的形状。

3. 综合想象

根据各部分的相对位置，想象出组合体的整体形状。

如图 2-19、图 2-20 所示，分别为叠加型组合体和切割型组合体的读图示例。

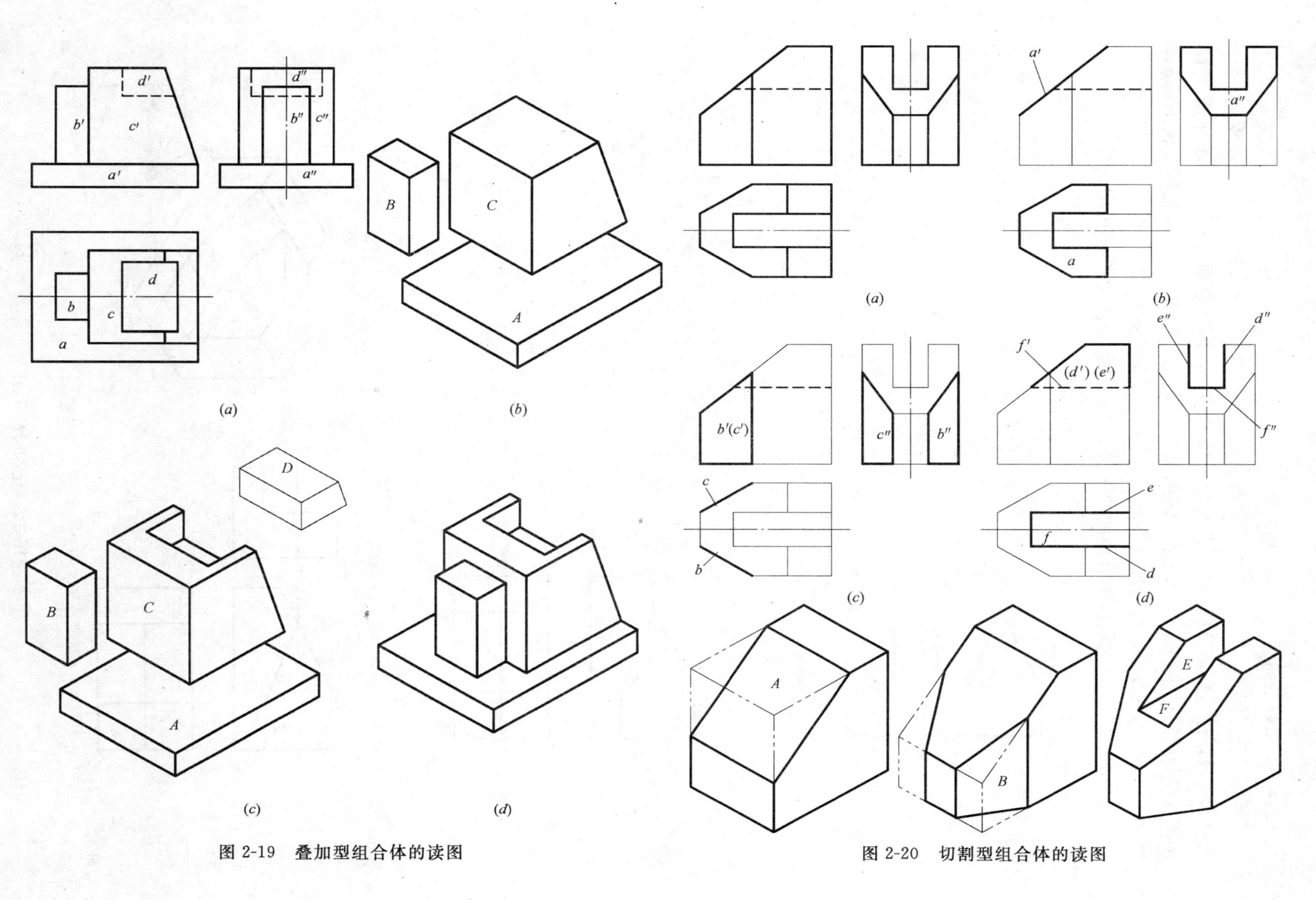

图 2-19　叠加型组合体的读图

图 2-20　切割型组合体的读图

2.4.3 二补三问题

所谓二补三问题，就是已知形体的两面投影图，求其第三投影图。一般步骤是，首先对已知的投影进行形体分析，大致想象出形体的形状，然后根据各基本形体的投影规律，画出各部分的第三投影。对于较难读懂的部分，采用线面分析法，并根据线面的投影特性，补出该细部的投影，最后加以整理即得出形体的第三投影。

图 2-21、图 2-22 为已知组合体的两面投影，补其第三面投影的作图过程。

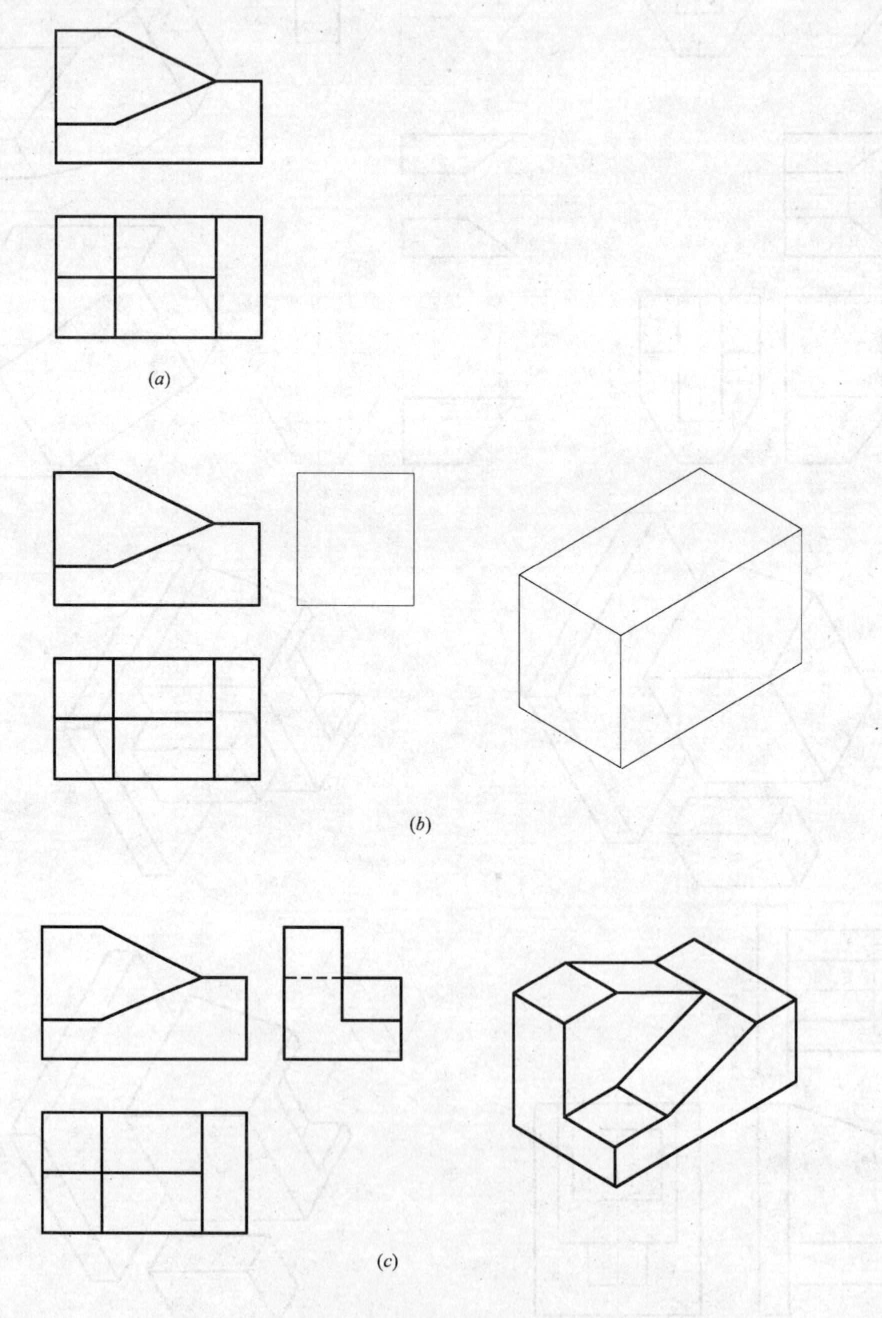

(*a*)

(*b*)

(*c*)

图 2-21 已知 H、V 补 W

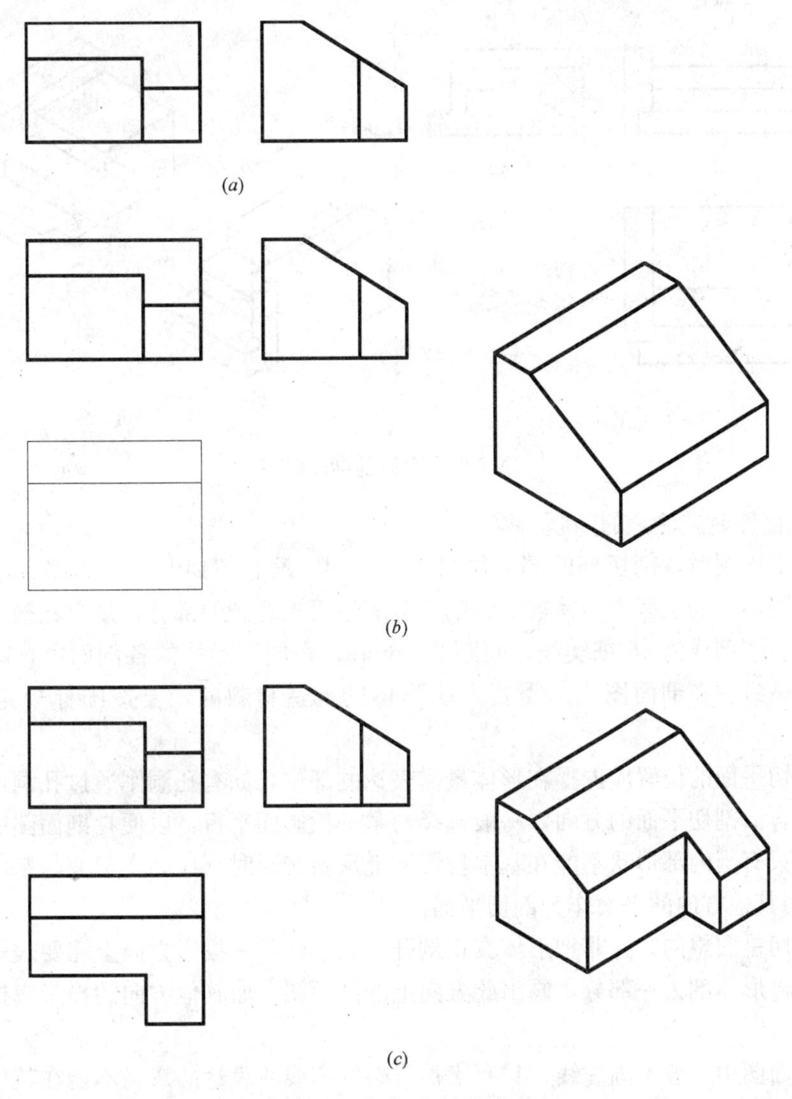

图 2-22　已知 V、W 补 H

2.5　剖面图和断面图

在画投影图时，对于不可见部分应用虚线画出。这样对于内部形状较为复杂的物体，就会在其投影图中出现较多的虚线，并且虚实线交叉、重叠，造成读图困难。工程制图中常采用剖面图和断面图来表达形体的内部情况。

2.5.1　剖面图

1. 概念

假想用一个剖切平面将物体切开，移去观看者与剖切平面之间的部分，将剩余部分向投影面作投影，所得投影图称为剖面图，简称为剖面。

图 2-23 是一个台阶的剖面图。

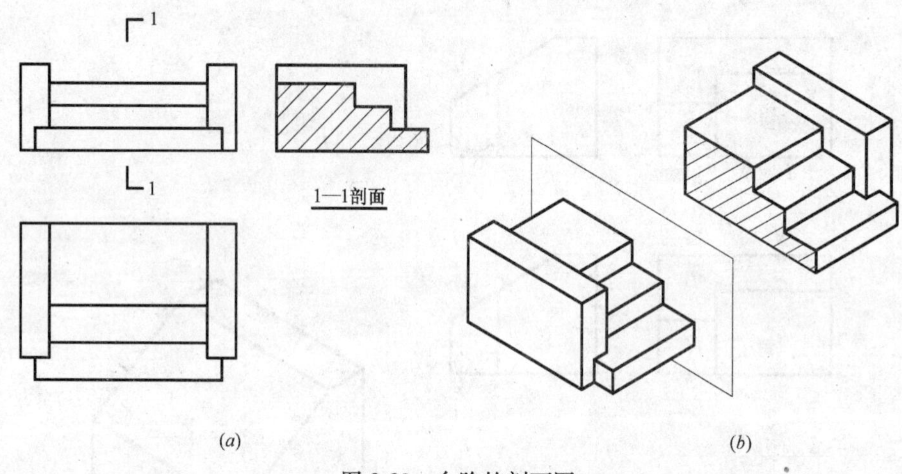

图 2-23　台阶的剖面图

2. 画剖面图时应注意的问题

(1) 画剖面图时，剖切到的部分用粗实线绘制，没有剖到但看到的部分用中实线绘制。在剖面图中，为了区别形体被剖到的部分和后面被看到的部分，规定在被剖到的图形上画图例线。图例线为45°细实线，间距2～6mm。在同一形体的各剖面中，图例线的方向、间距要一致。在剖面图中，需要表明形体的构造材料时，要按国标规定画出材料图例。

(2) 剖切平面的位置应选择在形体最需表达的部位，如有孔洞则通过孔洞，如有对称面则与其重合。剖切平面的方向，一般选择与某一投影面平行，以便在剖面图中得到该部分的实形。只有当内部形状不能在基本投影面上反映实形时（比如实形面与基本投影面垂直），才可用其他方向的平面作为剖切平面。

(3) 剖切是假想的，并非把形体真正剖开，只是在某一投影方向上需要表示内部形状时，才假想将形体剖去一部分，画出此方向上的剖面图。而其他方向的投影应按完整的形体画出。

(4) 剖面图中一般不画虚线，只有当被省略的虚线所表达的意义不能在其他投影图中表示或者造成识图不清时，才可保留虚线。

3. 剖切的表示

(1) 剖切平面的位置用剖切位置线表示。由于剖切平面一般设置成垂直于某一基本投影面，所以剖切平面在该基本投影面内的投影积聚成一直线，这一直线就表明了剖切平面的位置，称为剖切位置线。剖切位置线用长度为6～10mm的两段粗实线绘制，在图中不得与图形轮廓线相交。

(2) 投影方向用剖视方向线表示，剖视方向线位于剖切位置线的两端，并与其垂直，用长度为4～6mm的两段粗实线绘制。

剖切位置线与剖视方向线合在一起就叫剖切符号。

(3) 剖切符号应用阿拉伯数字进行编号，写在剖视方向线的端部，编号数字一律水平书写。如图2-23中的剖切符号的编号为“1”。

(4) 在剖面图的下方要注写剖面图的名称，如图2-23中的剖面图的名称为“1—1剖面”或简称为“1—1”。

当剖切平面通过形体的对称平面，且剖面图又在基本投影图的位置，两图之间也没有其他图形隔开时，上述标注的各项要求均可省略，如图 2-24 所示。

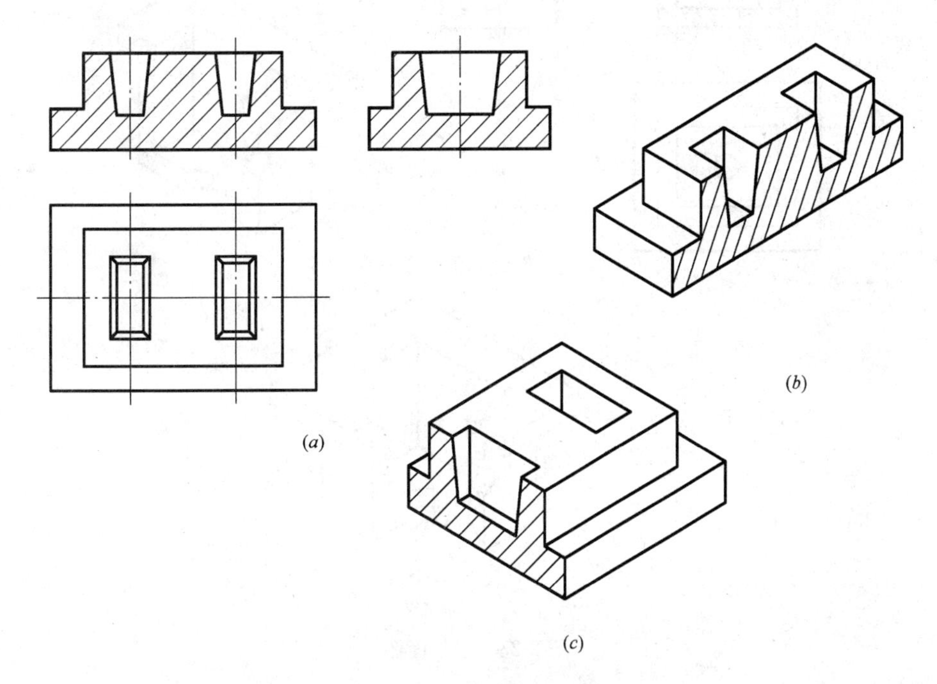

图 2-24　组合体的剖面图

4. 剖面图的种类

(1) 全剖面图：假想用一个剖切平面把形体整个剖开后所画出的剖面图叫全剖面图。

当形体的投影是非对称的，如果需要表示其内部形状时，应采用全剖。

当形体的投影虽是对称形，但外形简单，为表示其内部形状亦可采用全剖。

(2) 半剖面图：当形体在某个方向的投影是对称图形，而且内、外形都比较复杂时，应采用半剖面。

半剖面图就是以图形对称线为分界线，在对称线的一侧画表示外形的投影，另一侧画表示内部形状的剖面。在半剖面图中，剖面应画在垂直对称线的右侧或水平对称线的下侧，如图 2-25 所示。

半剖面相当于剖去形体的 1/4，将剩余的 3/4 做剖面。

(3) 局部剖面图：当仅需表达形体的某局部的内部形状时，可采用局部剖面。

局部剖面在投影图上用波浪线作为剖到部分与未剖到部分的分界线，如图 2-26 所示。波浪线不得超出图形轮廓线，在孔洞处要断开。画局部剖面时，一般省略剖切表示。

(4) 阶梯剖面图：当形体上有较多的孔、槽，且不在同一层次上时，可用两个或两个以上平行的剖切平面通过各孔、槽轴线把物体剖开，所得剖面称为阶梯剖面。

由于剖切是假想的，所以不能把剖切平面转折处投影到剖面图上。在建筑图中一般以转折一次为宜，还应避免剖切平面在图形轮廓线上转折，以免混淆不清。阶梯剖面的剖切表示如图 2-27 所示。

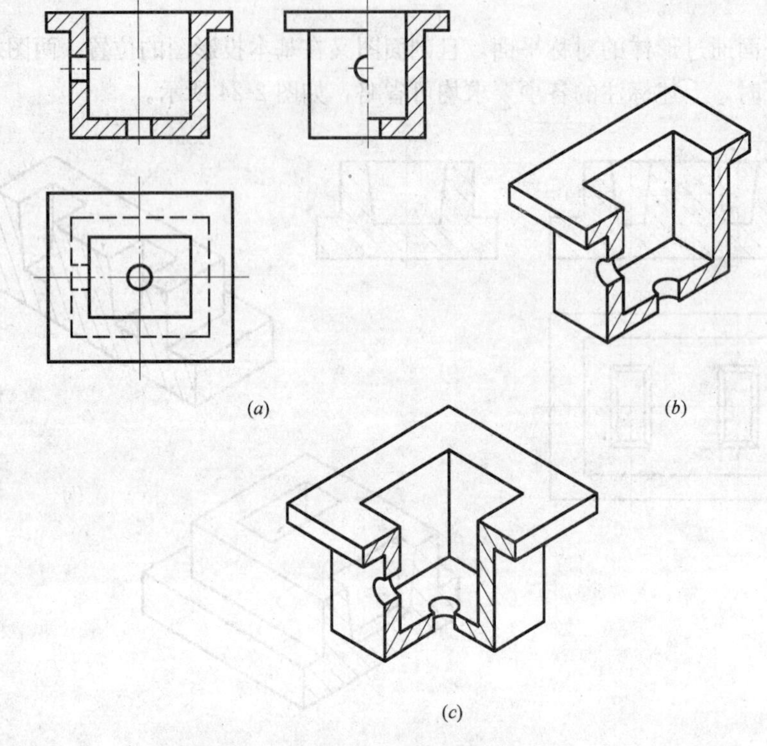

图 2-25　半剖面图

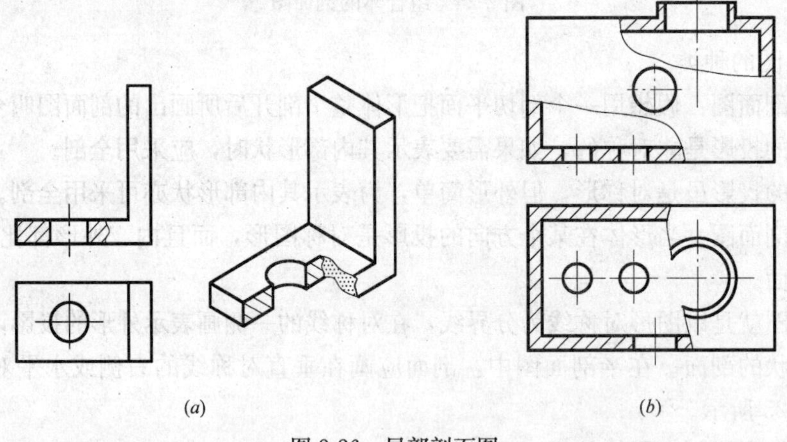

图 2-26　局部剖面图

2.5.2　断面图

1. 概念

假想用一个剖切平面剖切物体，仅画出被剖到部分的图形叫断面图，也称截面图，简称断面或截面，如图 2-28 所示。

从图中可以看出，在同一剖切位置处，断面是剖面的一部分，剖面中包括断面，但不能以剖面图来代替断面图，断面图必须另外画出。

2. 断面的表示

断面图只画出剖到部分的投影，用粗实线画出断面轮廓线，断面图形上画 45°图

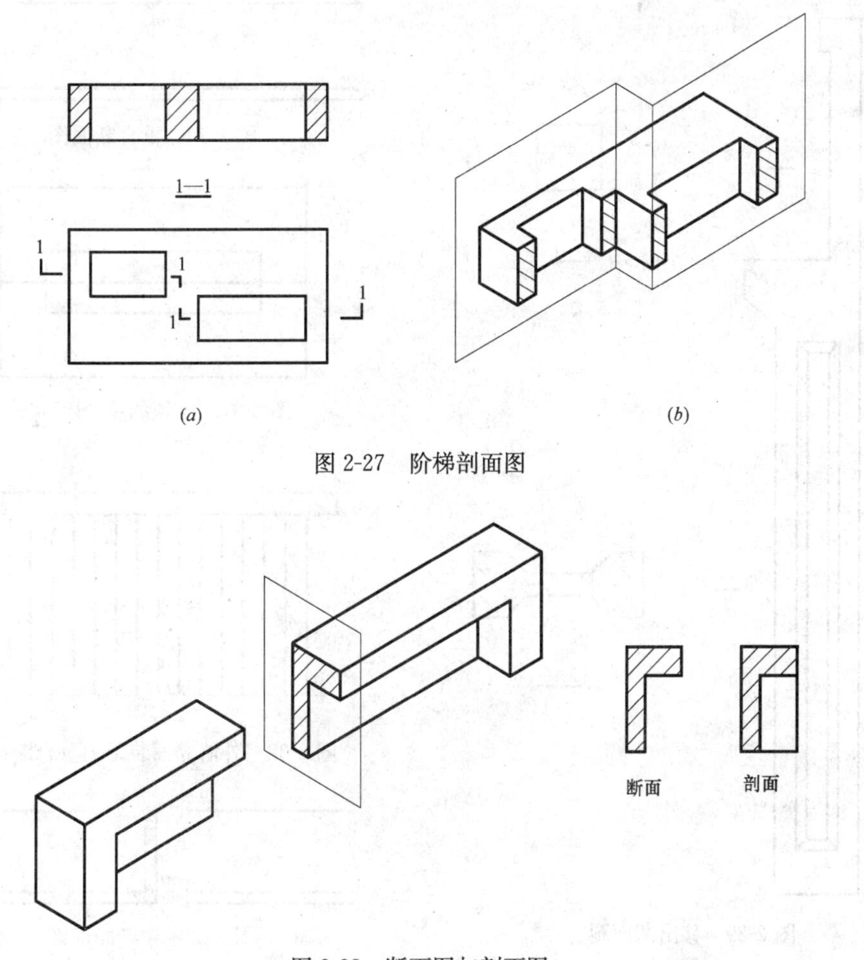

图 2-27 阶梯剖面图

图 2-28 断面图与剖面图

例线。

3. 剖切的表示

断面图的剖切位置用剖切位置线表示，剖视方向线省略不画，利用剖面编号的书写位置来表明剖视的方向。剖面编号写在剖切位置线的哪一侧，就表示向哪个方向看。如写在右，表示向右看；写在左，表示向左看，剖面编号一律水平注写。

4. 断面的种类

(1) 移出断面图：位于投影图之外的断面图，称为移出断面。

移出断面的轮廓线用粗实线绘制，在断面上根据所绘形体的材料画出规定的图例，如图 2-29 所示。

(2) 重合断面图：重叠在投影图之内的断面图，称为重合断面。

重合断面的轮廓线用细实线绘制，以便与投影的轮廓线区别开，并且形体的投影线在重合断面范围内仍是连续的，不能断开，如图 2-30 所示。

图 2-31、图 2-32 分别为屋顶的重合断面图和外墙立面装饰的重合断面图。

(3) 中断断面图：画在投影图的中断处的断面图，称为中断断面，如图 2-33 所示。重合断面和中断断面均不需加标注。

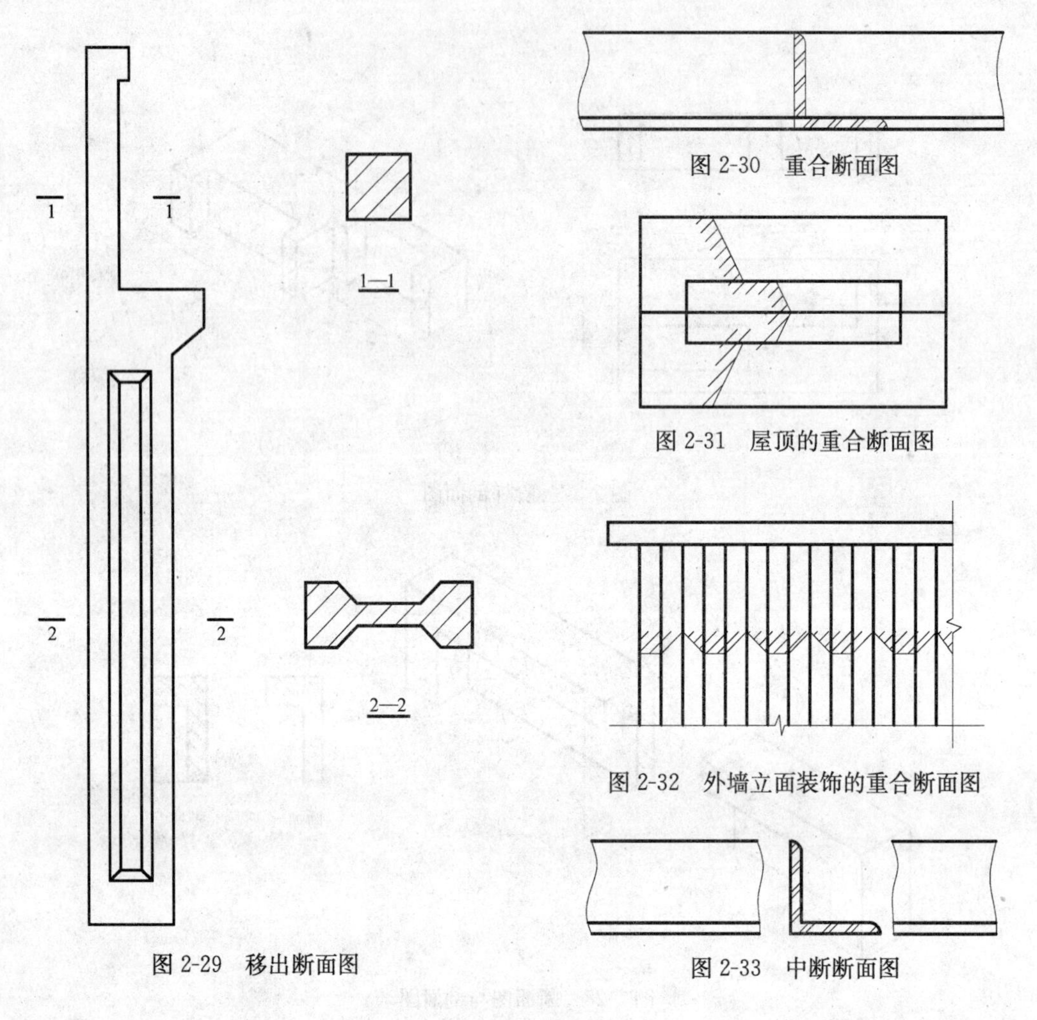

图 2-29　移出断面图

图 2-30　重合断面图

图 2-31　屋顶的重合断面图

图 2-32　外墙立面装饰的重合断面图

图 2-33　中断断面图

复习思考题

1. 六面投影图的形成及展开方法是怎样的？
2. 六个基本投影图的排列位置是怎样的？
3. 什么是斜向投影图？
4. 什么是局部投影图？
5. 镜像投影图是怎样形成的？有何特点？
6. 绘制组合体的三面投影图时，如何选择正立面投影？
7. 组合体的尺寸可以分为哪三类？
8. 组合体的尺寸配置需要注意哪些方面？
9. 什么是剖面图？什么是断面图？两者有何区别？
10. 剖面图的种类有哪些？
11. 断面图的种类有哪些？

第3章 建筑施工图

3.1 概　　述

将一幢新建房屋的内外形状和大小以及各部分的结构、构造和设备等内容按照国家建筑制图标准的规定，用正投影方法画出的图样，称为“房屋建筑工程图”，房屋建筑工程图是指导建筑施工用的一套图纸，我们把它称为房屋“施工图”。

3.1.1 房屋建筑工程图的产生

建筑物的建造一般需要经过设计和施工两个过程，而中小型工程项目的设计工作一般又分为两个阶段，即初步设计阶段和施工图设计阶段。

1. 初步设计阶段

初步设计的主要任务是根据建设单位提出的设计任务和要求，进行调查研究、搜集资料，从而提出设计方案。其内容包括：简略的总平面布置图及房屋的平、立、剖面图；设计方案的技术经济指标；设计概算和设计说明等。

初步设计的工程图和有关文件只是在提供研究方案和报上级审批时用，不能作为施工的依据，所以初步设计图也称为方案图。

2. 施工图设计阶段

施工图设计的主要任务是满足工程施工各项具体的技术要求，提供一切准确可靠的施工依据。其内容包括：指导工程施工的所有专业施工图、详图、说明书、计算书及整个工程的施工预算书等。全套施工图将为施工安装、编制预算、安排材料、设备和非标准构配件的制作提供完整、准确的图纸依据。

对于大型技术复杂的工程项目也可采用三个设计阶段，即在初步设计基础上，增加一个技术设计阶段，以统一协调建筑、结构、设备和各工种间的主要技术问题，为施工图设计提供更为详细的资料。

3.1.2 房屋建筑工程图的分类及编排顺序

房屋建筑工程图根据其内容和专业不同，分为建筑施工图、结构施工图和设备施工图。

(1) 建筑施工图（简称建施）：主要用来表示建筑物的规划位置、外部造型、内部各房间的布置、内外装修、构造及施工要求等。其内容包括施工图首页、总平面图、各层平面图、立面图、剖面图及详图。

(2) 结构施工图（简称结施）：主要表示建筑物承重结构的结构类型，结构布置，构件种类、数量、大小及做法。其内容包括结构设计说明、结构平面布置图及构件详图。

(3) 设备施工图（简称设施）：主要表达建筑物的给水排水、暖气通风、供电照明、燃气等设备的布置和施工要求等。其内容主要包括各种设备的平面布置图、系统图和详图等内容。

一套房屋施工图的数量，少则几张、十几张，多则几十张甚至几百张。为方便看图、易于查找，对这些图纸要按一定的顺序进行编排。

整套房屋施工图的编排顺序是：首页图（可包括图纸目录、设计总说明、建筑总平面图、汇总表如门窗明细表等）、建筑施工图、结构施工图、设备施工图。

各专业施工图的编排顺序是：基本图在前、详图在后；总体图在前、局部图在后；主要部分在前，次要部分在后；先施工的在前，后施工的在后。

3.1.3 阅读房屋建筑工程图的步骤和要求

（1）掌握绘制正投影图的原理和用投影表达形体的各种方法。

（2）熟识施工图中的常用图例、符号、线型、尺寸和比例的意义。

（3）注意观察了解房屋的组成和各种构造的基本情况。一套房屋建筑工程图纸，有几张到几百张，读图时首先根据图纸目录检查和了解这套图纸有多少类别，每种类别有多少张。按"建施"、"结施"、"设施"的顺序通读一遍，然后按专业工种的不同要求有重点地深入阅读。

3.1.4 房屋建筑工程图的有关规定和要求

1. 定位轴线

定位轴线是用来确定建筑物主要结构及构件位置的尺寸及其标志尺寸的基准线。在施工时凡承重墙、柱、大梁或屋架等主要承重构件都应画出定位轴线以确定其位置等。对于非承重的隔断墙及其他次要承重构件等，一般不画定位轴线或标注附加轴线，并应注明它们与附近定位轴线的相关尺寸以确定其位置。

定位轴线用细点画线表示，末端画细实线圆，圆的直径一般为 8mm，圆心应在定位轴线的延长线上或延长线的折线上，并在圆内注明编号，如图 3-1 所示。水平方向编号采用阿拉伯数字从左至右顺序编写；竖向编号应用大写拉丁字母从下至上顺序编写。拉丁字

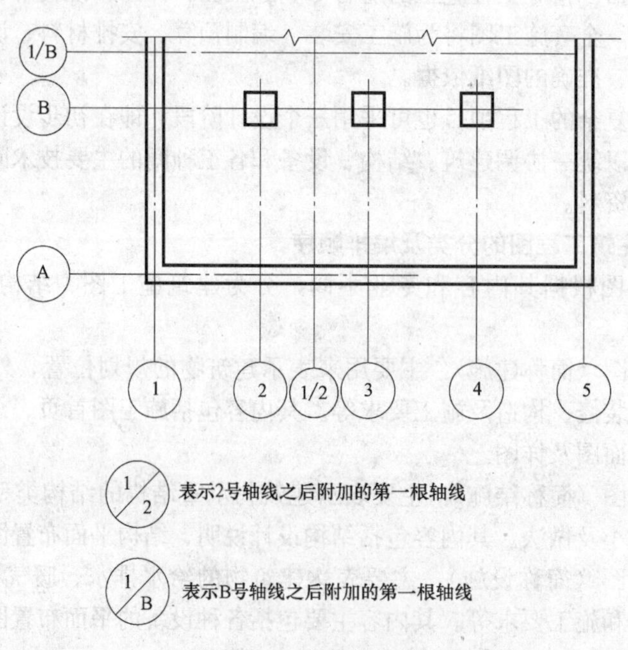

图 3-1 定位轴线及编号

母中的I、O、Z不得用为定位轴线编号，以免与数字0、1、2混淆。如大写拉丁字母数量不够使用，可增写此字母或单字母加数字注脚，如AA、BB、…YY或$A1$、$B1$、…$Y1$，以此作为定位轴线的编号。两定位轴线之间，有的需要标注附加轴线表示，附加轴线用分数编号。分母表示前一轴线的编号，为阿拉伯数字或是大写拉丁字母；分子表示附加轴线的顺序编号，一律用阿拉伯数字顺序编写，如图3-1所示。

2. 标高注法

标高是用来表示建筑物各部位高度的一种尺寸形式。标高符号用细实线画出，不论哪种形式的标高符号，均为等腰直角三角形，高3mm，如图3-2（a）、（b）、（c）所示。符号中的短横线是建筑物需要标注高度的部位的位置界线，在长横线之上或之下注出标高数字。标高数字以米为单位，注写到小数点以后第三位（在总平面图中标高可注写到小数点后第二位）。零标高应注写成“±0.000”。正数标高不注“+”，负数标高应注“－”，例如3.000、－0.600。在平面图上的室外整平标高符号，宜用涂黑的等腰直角三角形表示，如图3-2（d）所示。

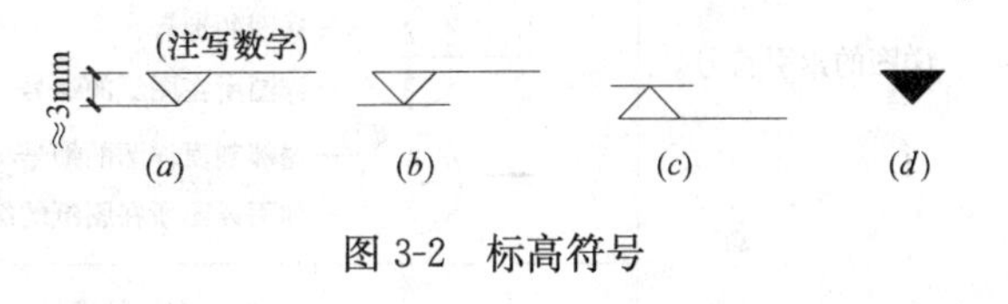

图3-2 标高符号

标高有绝对标高和相对标高两种。绝对标高：把青岛附近黄海的平均海平面定为绝对标高的零点，全国其他各地标高都以它作为基准。如在总平面图中的室外整平标高等常常标注为绝对标高。相对标高：在建筑物的施工图上要注明许多标高，若用相对标高来标注，容易直接得出建筑物各部位的高差。因此除总平面图常常标注为绝对标高外，其他图中一般都采用相对标高，即把建筑物底层室内主要的地坪标高定为标高零点的标高，其标高零点标注为“±0.000”，而在建筑工程图的总说明中要说明相对标高和绝对标高的关系，这就需要根据当地附近的水准点（绝对标高）测定新建工程的底层地面的绝对标高数值。

3. 索引符号与详图符号

施工图中建筑物某一部位或某一构件如另有详图，则既可画在同一张图纸内，也可画在其他有关的图纸上。为了便于查找，可通过索引符号和详图符号来反映该部位或构件与详图及有关专业图纸之间的关系。

（1）索引符号：索引符号如表3-1所示，是用细实线画出的、直径为10mm的圆。如详图与被索引的图在同一张图纸内时，在上半圆中用阿拉伯数字注出该详图的编号，在下半圆中间画一段水平细实线；如详图与被索引的图不在同一张图纸内时，在上半圆中用阿拉伯数字注出该详图的编号，下半圆中用阿拉伯数字注出该详图所在的图纸编号；如索引出的详图采用标准图时，在圆的水平直径延长线上加注该标准图册编号；如索引的详图是剖面（或断面）详图时，索引符号在引出线的一侧加画一剖切位置线，而引出线的一侧，就表示剖面（或断面）详图的投影方向。

（2）详图符号：详图符号如表3-1所示，是用粗实线绘制的、直径为14mm的圆。如圆内只用阿拉伯数字注明详图的编号时，说明该详图与被索引图样在同一张图纸内；如详图与被索引的图样不在同一张图纸内时，可用细实线在详图符号内画一水平直径，在上半圆内注明详图编号，在下半圆中注明被索引图样的图纸编号。

索引符号及详图符号　　　　表 3-1

名称	符号	说明
详图的索引符号	5 / —：详图的编号；详图在本张图纸上 5 / —：局部剖面详图的编号；剖面详图在本张图纸上	详图在本张图纸上
	2 / 5：详图的编号；详图所在图纸的编号 4 / 3：局部剖面详图的编号；剖面详图所在图纸的编号	详图不在本张图纸上
	J106 3 / 4：标准图册的编号；标准详图的编号；详图所在图纸的编号	标准详图
详图符号	5：详图的编号	被索引的图样在本张图纸上
	5 / 3：详图的编号；被索引的图纸编号	被索引的图样不在本张图纸上

4. 多层构造引出线

房屋建筑的某些部位需要用文字或详图加以说明时，可用引出线（细实线）从该部位引出。引出线用水平方向的直线，或与水平方向成 30°、45°、60°或 90°的直线，或经上述角度再折为水平的折线。文字说明宜注写在横线的上方，也可注写在横线的端部，索引详图的引出线，应对准索引符号的圆心。

同时引出几个相同部分的引出线时可画成一组平行线，也可画成集中于一点的放射线，如图 3-3（*a*）所示。用于多层构造的共同引出线，应通过被引出的各构造层，文字说明可注写在横线的上方，也可注写在横线的端部。说明的顺序要自上而下，与被说明

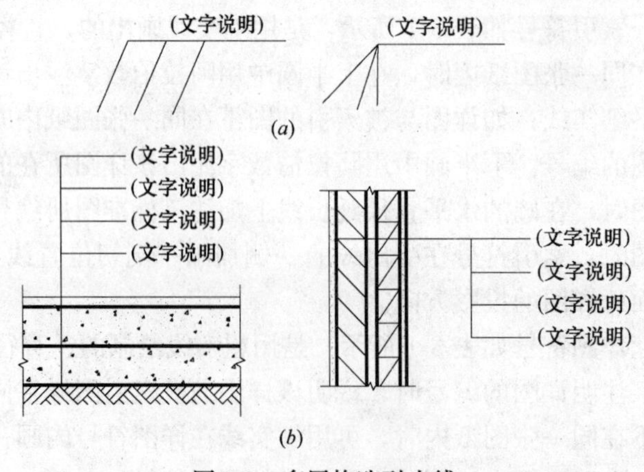

图 3-3　多层构造引出线

的各构造层相互一致。若层次为横向排列，则由上至下的说明顺序要与由左至右的各层相互一致，如图 3-3 (*b*) 所示。

5. 指北针和风向频率玫瑰图

在建筑施工图中的总平面图和底层平面图上，应画上指北针符号，表示建筑物的朝向。指北针符号是用细实线绘制、直径为 24mm 的圆，指北针尾部的宽度宜为 3mm，如图 3-4 所示。

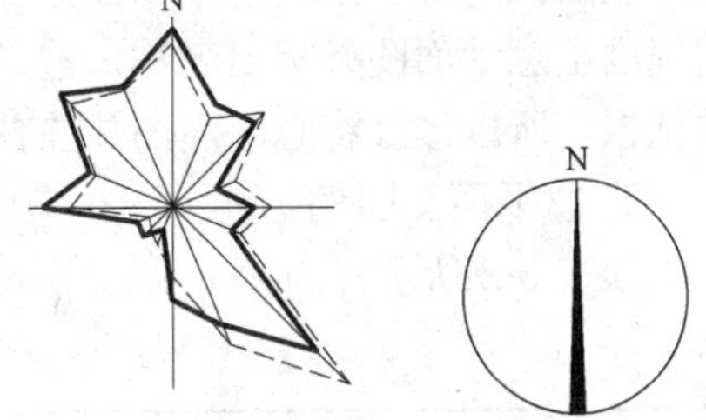

图 3-4　指北针和风向频率玫瑰图

在建筑总平面图上，应按当地的实际情况绘制风向频率玫瑰图，表示该地区的常年风向频率。风吹方向是从外面吹向中心。实线表示全年风向频率，虚线表示夏季风向频率。

3.2　施工总说明、建筑总平面图及其识读

3.2.1　施工总说明

建筑施工总说明一般在施工图的首页，主要是对图纸上未能详细表明的材料、作法、具体要求及其他情况所作的具体的文字说明。

【例 3-1】　建筑施工总说明的识读举例

施工总说明

1. 工程概况：

本工程为某武警营房，四层砌体结构，层高为 3600mm。

本工程建筑面积：2150m^2。

本工程设计相对标高±0.000 相当于绝对标高 88.20m，与室外地坪高差 600mm。

2. 设计依据：建设单位及有关部门认可的设计方案；建设单位提供的设计依据及条件；国家颁布的有关设计规范及标准：《房屋建筑制图统一标准》GB/T 50001—2001、《民用建筑设计通则》GB 50352—2005、《建筑设计防火规范》GBJ 16-87〈2001 版〉和《建筑制图标准》GB/T 50104—2001。

3. 本工程耐火等级为 2 级，屋面防水等级为 2 级，建筑结构安全等级为 2 级。

本建筑结构设计使用年限：50 年。

4. 卫生间、食堂操作间、餐厅、洗衣房、浴室地面均有 0.5%的排水坡度坡向地漏，卫生间、食堂操作间、餐厅、洗衣房、浴室及室外台阶比相邻室内地面低 0.02m。

5. 未注明的门垛遇墙均为 120mm，遇柱靠柱边，未注明的墙体厚度均为 240mm。混凝土柱尺寸、构造柱位置详见结施，未注明的墙体均为黄河淤泥烧制砖。

以上是某武警营房楼建筑施工的总说明，从中我们可以明确此工程的情况。其主要内容包括工程概况、设计依据、结构特征、构造做法等。

一般来讲，首页除设计总说明外，还有图纸目录、标准图集目录、门窗统计表及建筑总平面图等。

3.2.2　建筑总平面图

1. 建筑总平面图的形成

建筑总平面图是表明新建建筑物所在基地有关范围内的总体布置图，它反映新建建筑

物、构筑物的位置和朝向，室外场地、道路、绿化等的布置，地貌、标高等内容及其与原有环境的关系等。建筑总平面图主要是应用正投影方法和相应的图例来表达的，根据实际情况画出总平面图并标出名称。建筑总平面图是新建建筑物定位、放线以及布置施工现场的依据，所以最好将总平面图放在首页。

2. 总平面图图例

如表 3-2 所示。

总平面图图例 **表 3-2**

图例	名称	图例	名称
8F	新建建筑物 右上角以点数或数字表示层数		原有建筑物
	计划扩建的建筑物		拆除的建筑物
151.00	室内地坪标高	143.00	室外整平标高
	散状材料露天堆场		原有的道路
	公路桥		计划扩建道路
	铁路桥		护坡
	草坪		指北针

3. 建筑总平面图的识读

【例 3-2】 建筑总平面图的识读举例

图 3-5 所示为某武警营房楼总平面图，我们可以按以下步骤来识读此图。

(1) 看图样的比例、图例以及文字说明。图中绘制了指北针、风向频率玫瑰图。该营房坐北朝南，施工总平面图的比例为 1∶500。西侧大门为该区主要出入口，并设有门卫传达室。

(2) 了解新建建筑物的基本情况、用地范围、地形地貌以及周围的环境等。该营房紧邻西侧马路，楼前为停车场与训练场。楼房东侧为绿化带，紧邻东墙外侧的排洪沟。总平面图中新建的建筑物用粗实线画出外形轮廓。从图中可以看出，新建建筑物的总长为 36.64m，总宽为 14.64m。建筑物层数为四层，建筑面积为 $2150m^2$。在本例中，新建建筑物位置根据原有的建筑物及围墙定位：从图中可以看出新建建筑物的西墙与西侧围墙距离 8.8m，新建建筑物北墙体与门卫房距离 27m。

（3）了解新建建筑物的标高。总平面图标注的尺寸一律以米（m）为单位。图中新建建筑物的室内地坪标高为绝对标高88.20m，室外整平标高为87.60m。图中还标注出西侧马路的标高87.30m。

（4）了解新建建筑物的周围绿化等情况。在总平面图中还可以反映出道路围墙及绿化的情况。从图上可看出，本例中围绕该小区四周设绿化带，从而与周围建筑物分隔开来。

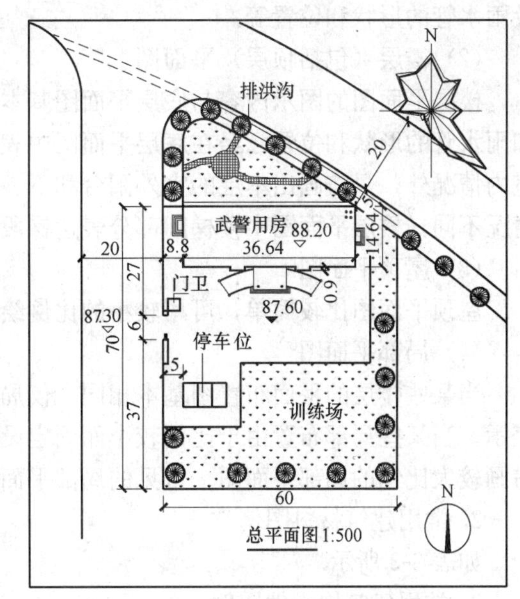

图 3-5　建筑总平面图

综合上例可以知道，建筑施工总平面图应包括以下几个方面的内容：

（1）建筑物的名称、数量、层数、室外地面的标高，新建建筑物的朝向等。

（2）建筑物的位置。新建建筑物有三种定位方式：第一种是根据与原有的建筑物的距离来定位；第二种是利用新建建筑物与周围道路之间的距离来定位；第三种是利用施工坐标确定新建建筑物的位置。

（3）新建的道路、绿化场地、管线的布置等。因总平面图所反映的范围较大，故绘制时常用较小的比例如1∶500。

（4）将来要建即拟建的建筑物和原有建筑物及其道路、绿化及管线的位置等。

（5）指北针、风向频率玫瑰图、周围的地形、地貌等。

3.3　建筑平面图及其识读

3.3.1　建筑平面图的形成与表达

房屋建筑平面图是假想用一水平剖切平面，沿门窗洞口的位置（水平剖切平面离楼地面大约1m以上）将建筑物水平剖切后，对剖切面以下部分所做出的水平剖面图，即为建筑平面图。

建筑平面图一般主要反映建筑物的平面布置，定位轴线的编号，外墙和内墙的位置，房间的分布及相互关系，入口、走廊、楼梯的布置等。一般建筑物每层绘制一个平面图，并在图形的下方注明相应的图名，如“底层平面图”、“二层平面图”等。如果几个楼层平面布置相同时，也可以只绘制一个平面图即“标准层平面图”。

1. 平面图的分类

一般来讲，建筑平面图包括以下几种：

（1）底层平面图

主要表示建筑物底层平面的形状，各房间的平面布置情况，出入口、走廊、楼梯的形式与位置，各种门、窗的布置等。在厨房、卫生间内还可看到固定设备及其布置的情况。

底层平面图不仅要反映室内情况，还须反映室外可见的台阶、明沟（或散水）、花坛及雨水管的形状和位置等。

(2) 楼层（包括顶层）平面图

楼层平面图的图示内容与底层平面图基本相同。因为室外的台阶、花坛、明沟、散水和雨水管的形状和位置已经在底层平面图中表达清楚，所以中间各层平面图除要表达本层室内情况外，只需画出本层的室外阳台和下一层室外的雨篷、遮阳板等。此外，因为剖切情况不同，楼层平面图中楼梯间部分表达梯段的情况与底层平面图也不相同。

(3) 屋顶平面图

屋顶平面图比较简单，可用较小的比例绘制，如 1∶150、1∶200 等。

(4) 局部平面图

当某些楼层的平面布置图基本相同，仅局部不同时，则这些不同部分可用局部平面图表示。当某些局部布置由于比例较小而固定设备较多或者内部组合比较复杂时，也可对其另画较大比例的局部平面图。常见的局部平面图有厕所间、盥洗室、楼梯间等。

2. 常用建筑材料图例

如表 3-3 所示。

3. 常用建筑构配件图例

如表 3-4 所示。

在平面图中，门、窗均应按国家标准规定的图例画出，在门、窗图例旁应注明它们的代号（门的代号是 M，窗的代号是 C）。对于不同类型的门、窗，应在代号后面写上编号，以示区别。各种门、窗的形式和具体尺寸，可在汇总编制的门、窗明细表中查对。在 1∶100 的平面图中，剖切到的砖墙的材料图例不必画出（为了醒目，有时在透明描图纸的背后涂红表示），剖切的钢筋混凝土构件的断面，其材料图例用涂黑来表示。

常用建筑材料图例 **表 3-3**

图　例	名　称	图　例	名　称
	自然土壤		素土夯实
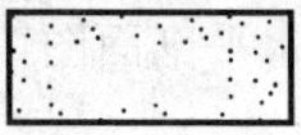	砂、灰土及粉刷		空心砖
	混凝土		钢筋混凝土
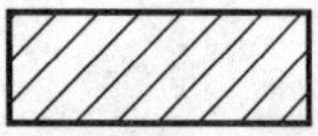	砖砌体		多孔材料
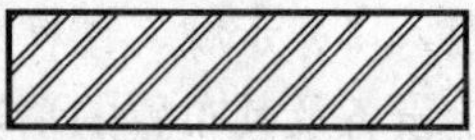	金属材料		石材

常用建筑构配件图例　　　　表 3-4

名　称	图　例	名　称	图　例
单扇门	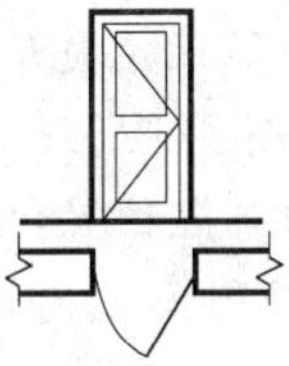	单层外开平开窗	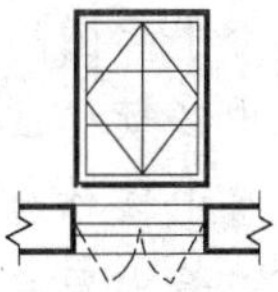
双扇平开门	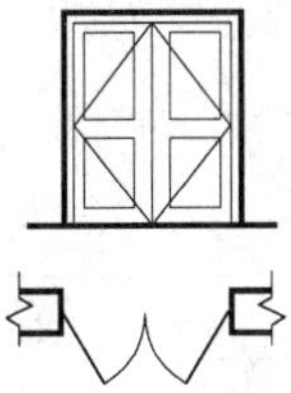	单层中悬窗	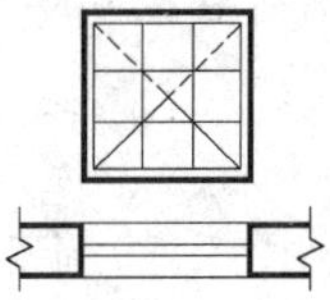
双扇双面弹簧门	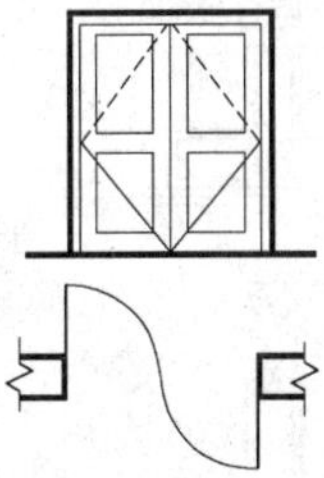	单层固定窗	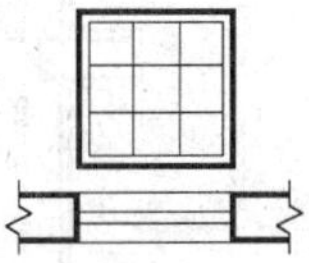
推拉门	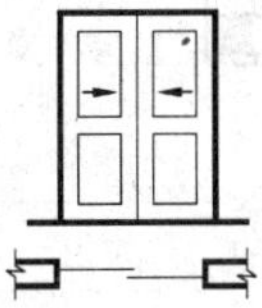	推拉窗	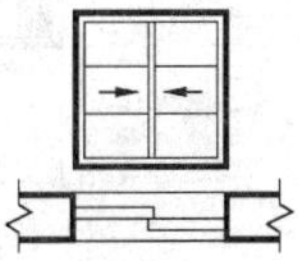
通风道	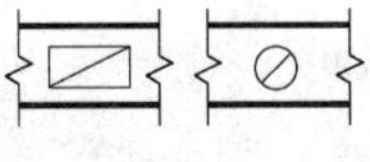	烟道	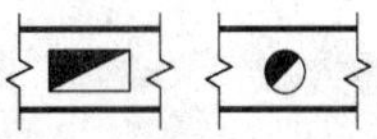
高窗		底层楼梯	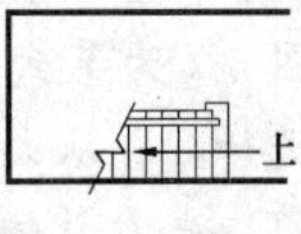 上
墙上预留洞或槽	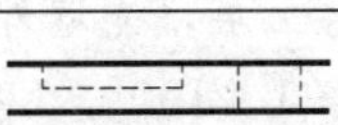		
中间层楼梯	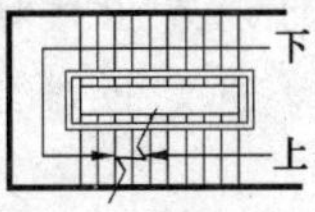 下 上	顶层楼梯	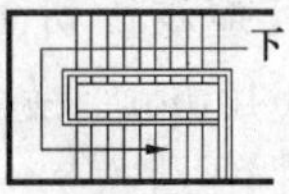 下

3.3.2 各类建筑平面图的识读举例

【例 3-3】 建筑局部平面图的识读举例

图 3-6 所示为以某房屋的厨房平面图为内容的房屋局部平面图。

局部平面图的图示方法与底层平面图相同。为了能清楚地表明局部平面图所处的位置，图中必须标注与平面图一致的轴线及其编号。图 3-6 采用 1∶50 的比例绘制，详细绘出了厨房中操作台的大小及位置，洗手池及灶台的布置位置，其中操作台宽 600mm。从图中可以看出厨房通过门 M4 与露台相连，通过门 M6 与室内其他房间相连。其中露台上有尺寸为 750mm×720mm 的管道井，井壁上开有 400mm×400mm 的检修门一个，检修门距离露台板 600mm 高。

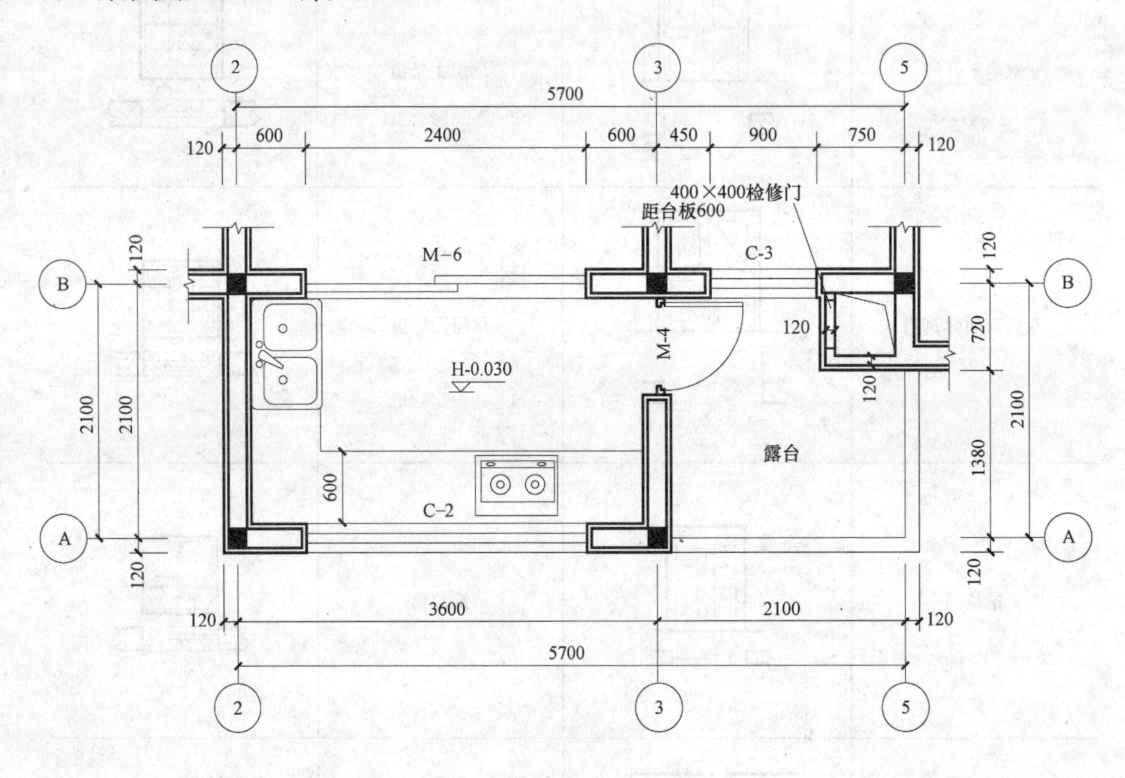

图 3-6 局部平面图

【例 3-4】 建筑底层平面图的识读举例

图 3-7 为某武警营房楼底层平面图。我们读此图时要依据识读房屋施工图的原则和步骤来进行，即从大到小，从总体到局部，先底层再上层，先墙外后墙内。

(1) 先看总体。平面图常用的比例为 1∶50、1∶100 、1∶200，也可用 1∶150、1∶300。由图上可知，该平面图为底层平面图，比例为 1∶100。根据图中绘制的指北针，可知该楼朝向为坐北朝南。由最外一道尺寸可以看出该楼总长为 36640mm，总宽为 14640mm。横向共有 10 道定位轴线，纵向有 4 道定位轴线。本例中没有附加定位轴线。

房屋建筑平面图为水平剖面图，因此凡被剖切到的墙、柱的断面轮廓线用粗实线画出

(墙、柱轮廓线都不包括粉刷层的厚度，粉刷层在1∶100的平面图中不必画出)，没有剖切到的可见轮廓线，如墙身、窗台、梯段等用中实线画出，尺寸线、引出线用细实线画出，轴线用细点画线画出。

(2) 读图中标注的尺寸。外墙的尺寸一般分三道标注：最外面一道是外包尺寸即总尺寸，表示建筑物的总长度和总宽度；中间一道尺寸表示定位轴线间的距离，是建筑物的"开间"或"进深"尺寸；最里面的一道尺寸，表示门窗洞口宽度、洞间墙、墙厚的尺寸。内墙尺寸要标注内墙厚度、内墙上的门窗洞尺寸及门窗洞与墙或柱的定位尺寸。本例中房间的进深为6000mm，房间的开间主要有3600、3800、4200、6000mm几种。外墙为240mm砖墙，家属公寓等处有120mm内墙。此外还应标注某些局部尺寸，如固定设备的定位尺寸，台阶、花坛、散水等尺寸。图3-7中花台、餐厅隔断、家属公寓房间处的尺寸均属于局部尺寸。相对于标注在图形外周的总尺寸及轴线间尺寸，局部尺寸标注在图形之内，也叫内部尺寸。建筑平面图形上下、左右都对称时，其外墙尺寸一般注在平面图形的下方和左侧，如果平面图形不对称，则四周都要标注尺寸。而本例中，图形上下左右均不对称，故在图形四周都标注出尺寸。

(3) 看建筑物的出入口。主要出入口设置在该楼的南侧中间。主要入口处设有与汽车坡道相连的雨篷。由入口进入楼房后，与门厅正对的是该楼的主要楼梯，位于建筑物的北侧。在建筑物的东侧还有一与走廊相连的室外楼梯。建筑一层楼梯被剖切，被剖切的楼梯段处用45°折断线表示。

(4) 进入建筑物看各个房间的布局。由图中可以看出，底层西半部分为食堂。食堂南侧作为餐厅，北侧为操作间，其余的为跟食堂相关的辅助用房，如更衣室、财务室、主食库等。而建筑物的东半部分则是营房的后勤用房，包括接待室、家属公寓、浴室、洗衣房等。

(5) 看建筑的细部，如门窗的数量、类型及门的开启方向等。图中门的代号用M表示，窗的代号用C表示，其编号均用阿拉伯数字表示，如M1、M2…；C1、C2…。只有尺寸、开启方向、材料等完全相同时，才能有相同的编号，否则编号应不同。这部分的阅读，要跟门窗明细表相对应，看两部分是否一致。主要入口处的大门为三组双扇双面弹簧门M1，走廊跟两侧次要出入口上的门为双扇双面弹簧门M2。其余门均为平开门，向房间内侧开启。

(6) 看建筑内的有关设备。本例中对于食堂的操作间来讲，设备相对要多一些，如地沟、烟道、水池、操作台等；餐厅里设有洗手池、浴室设有淋浴喷头、洗衣房布置洗衣机等；厕所内有水盆、坐便器、蹲便器。

(7) 最后看标高、索引等符号。在底层平面图中，还应注写室内外地面的标高。底层内各房间以及门厅地面的标高为±0.000，卫生间、浴室、洗衣房地面比室内±0.000低0.020m，室外地坪比室内地坪低0.60m。另外在底层平面图中建筑剖面图的剖切位置和投影方向应用剖切符号表示，并相应编号。本例中底层平面图上共有三处标注剖面符号，分别在门厅、餐厅以及室外楼梯处作了1-1、2-2、3-3三个剖切，用来反映建筑物的竖向内部构造和分层情况。1-1剖切在门厅处，同时剖切主要楼梯；2-2剖切普通房间；3-3剖切室外楼梯。凡套用标准图集或另有详图表示的构配件、节点，均需画出详图索引符号，以便对照阅读。本例中门厅雨篷处的花岗石台阶、食堂操作间的烟道、浴室走廊处的消火栓等处都引用了标准图集。

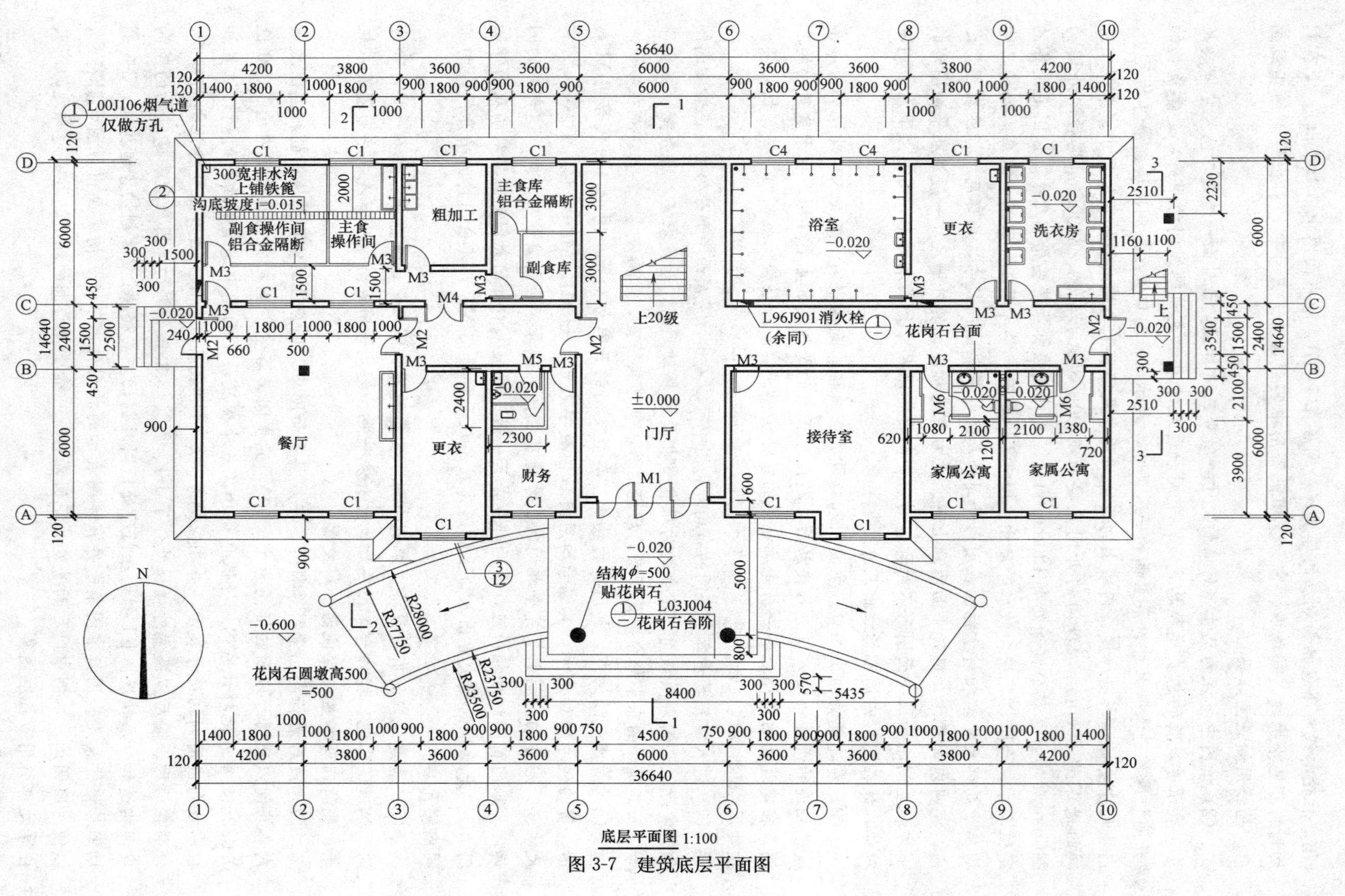
L00J106烟气道
仅做方孔
300宽排水沟
上铺铁篦
沟底坡度i=0.015
副食操作间
铝合金隔断
主食
操作间
粗加工
主食库
铝合金隔断
副食库
上20级
浴室
更衣
洗衣房
L96J901消火栓
(余同)
花岗石台面
餐厅
更衣
财务
门厅
接待室
家属公寓
家属公寓
结构φ=500
贴花岗石
L03J004
花岗石台阶
花岗石圆墩高500
=500
R28000
R27750
R23750
R23500
36640
14640
底层平面图 1:100

图 3-7 建筑底层平面图

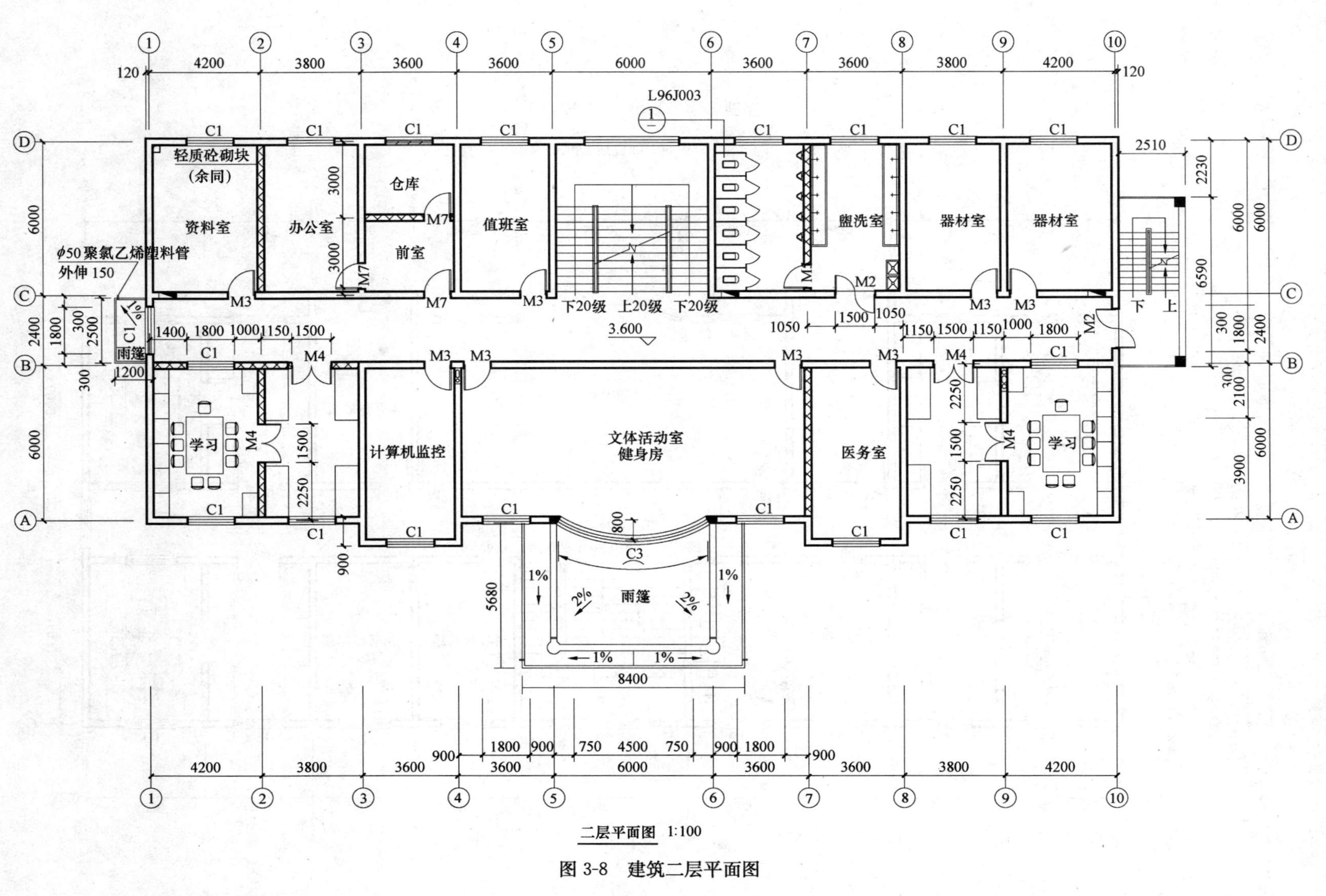

二层平面图 1:100

图 3-8 建筑二层平面图

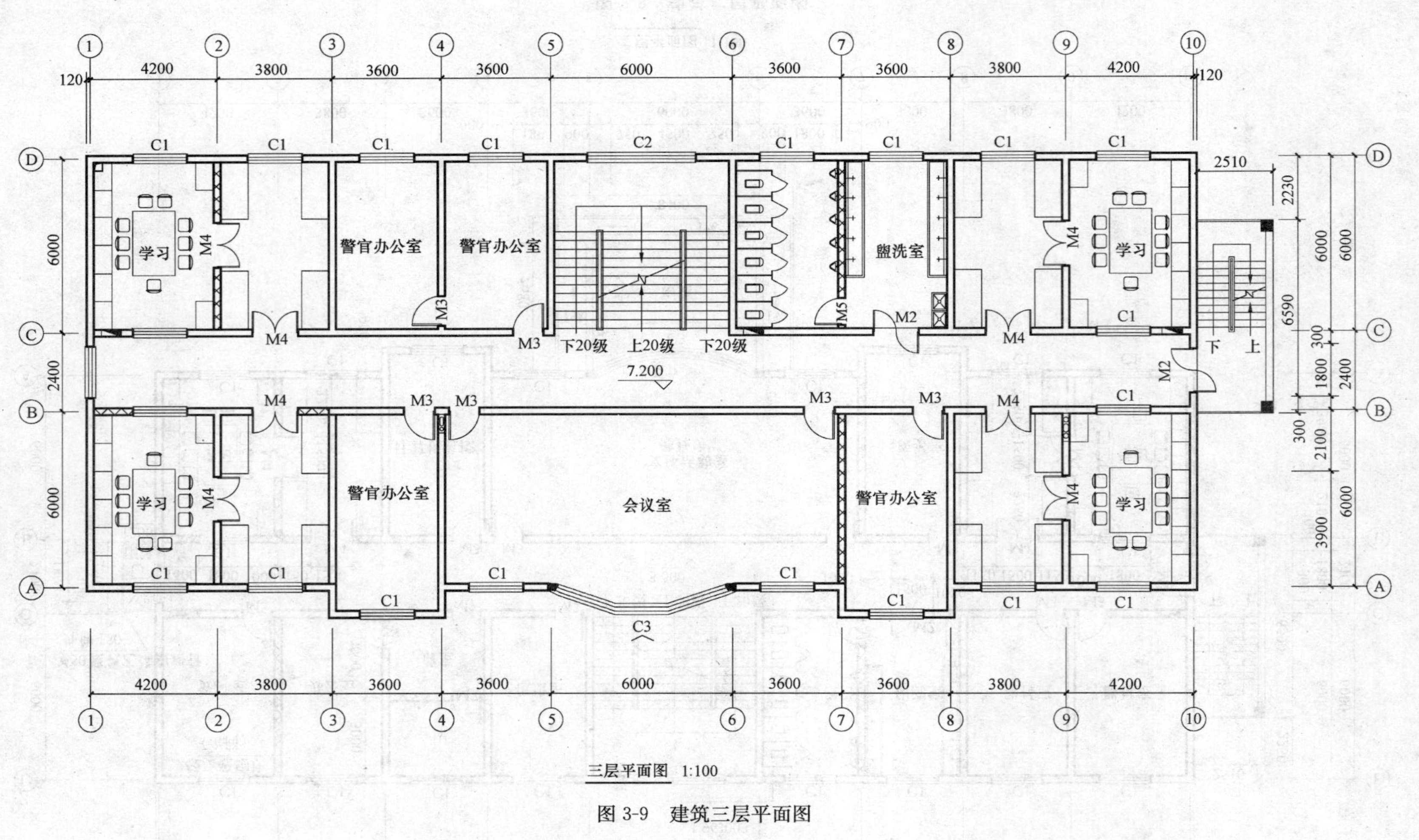

图 3-9 建筑三层平面图

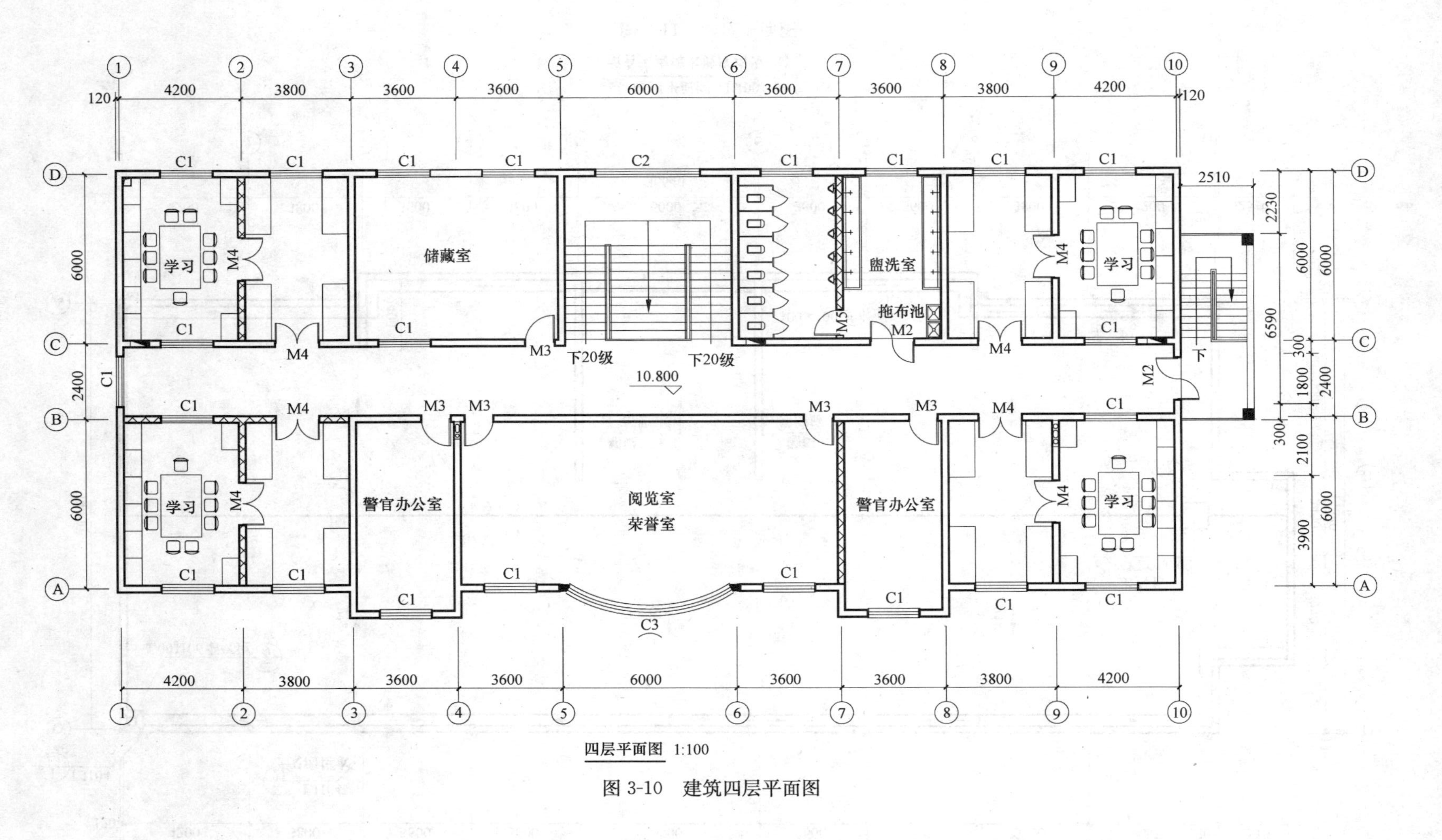

四层平面图 1:100

图 3-10　建筑四层平面图

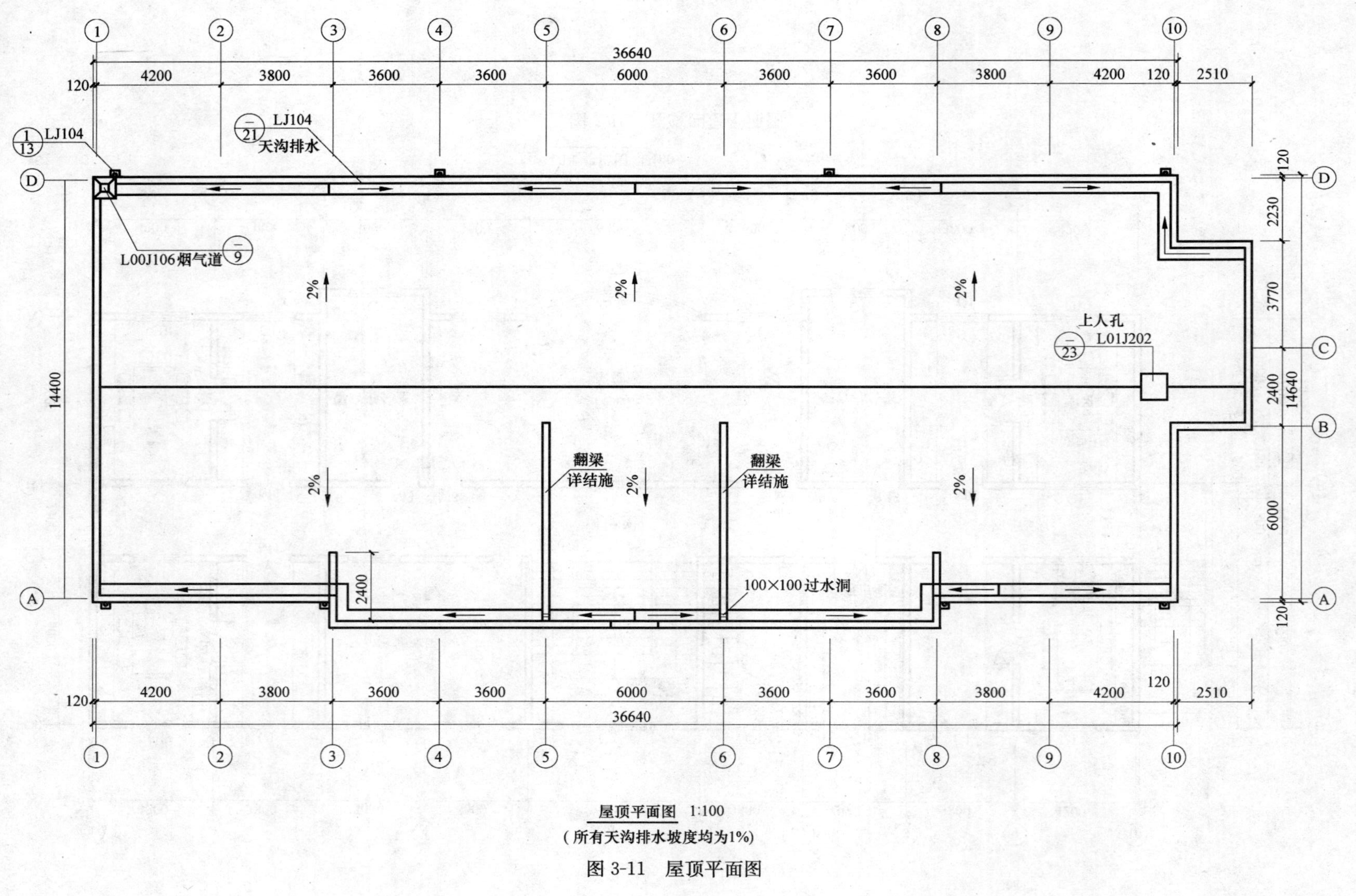
LJ104
天沟排水
L00J106烟气道
上人孔
L01J202
翻梁
详结施
翻梁
详结施
100×100过水洞
2%
36640
14400
14640
屋顶平面图 1:100
(所有天沟排水坡度均为1%)

图 3-11 屋顶平面图

【例 3-5】 建筑楼层（包括顶层）平面图的识读举例

图 3-8、图 3-9 和图 3-10 分别为某武警营房楼建筑二、三、四楼层的平面图。二层中间作为文体活动用房，空间较大，其余为小房间，作为办公用房及宿舍、器材室。宿舍内用轻质隔墙把房间分隔为休息室和学习室两部分。其中②、⑦轴线及Ⓑ轴线局部为轻质隔墙。三层、四层平面的布局与二层基本相同（见图 3-9、图 3-10）。其中二层平面图上有首层门厅处及东侧次要出入口处的雨篷投影，其中门厅处雨篷的排水口设在雨篷的前半部分的外侧，两边对称布置。排水管材料与次要出入口处的相同，均为 $\phi50$ 聚氯乙烯塑料管，伸出雨篷外 150mm。四层平面图中，④轴线墙在Ⓒ、Ⓓ轴线之间的部分被去掉，结果此处变成大空间的储藏间。楼梯间的表示方法四层与二、三层也不同（参看表 3-4 楼梯间的表示方法）。相对于底层平面图，其他楼层平面图中的尺寸要少一些，只需标注轴线尺寸即可。如果外墙窗洞的尺寸发生变化，则还应标注窗间墙的详细尺寸。

【例 3-6】 建筑屋顶平面图的识读举例

图 3-11 是某武警营房楼的屋顶平面图。屋顶平面图主要表明屋顶的形状、屋面排水方向及坡度、天沟或檐沟的位置。而根据屋面的形式，还有女儿墙、屋檐线、雨水管、上人孔及水箱的位置等。若屋面结构复杂，还要增加详细图样补充表示。本图用 1：100 的比例绘制。由图中可以看出屋面排水形式采用双面内天沟排水，屋面排水坡度 2%。由图名下面的文字注释可以知道，天沟排水坡度为 1%。建筑物沿纵向两侧分别设置 4 个排水口，总计 8 个排水口。该楼屋面为非上人屋面，设置屋面上人口一个。从图中还可以看出，天沟、烟道、上人口处做法参见标准图集，用索引符号表示（索引符号详见后面章节）。由于本楼外墙装饰的特殊要求，屋面上设置翻梁两道，位于⑤和⑥轴线上，翻梁与天沟接合处留 100mm×100mm 的过水洞。

3.4 建筑立面图及其识读

3.4.1 建筑立面图的形成与表达

建筑立面图是建筑物各个方向的外墙面以及可见的构配件的正投影图，简称为立面图。它是反映建筑物的体型、门窗形式和位置、墙面的装修材料和色彩等的图样。

建筑立面图的名称有三种命名方式。按主要出入口或外貌特征命名：主要出入口或外貌特征显著的一面称为正立面图，其余的立面图相应地称为背立面图、左侧立面图、右侧立面图；按建筑物朝向来命名：建筑物的某个立面朝向哪个方向，就是哪个方向的立面图，如南立面图、北立面图、东立面图、西立面图；按轴线编号来命名：按照观察者面向建筑物从左到右的轴线顺序命名，如①～⑨立面图，⑨～①立面图等。

3.4.2 建筑立面图的识读举例

【例 3-7】 建筑立面图的识读举例

图 3-12、图 3-13、图 3-14、图 3-15 为某武警营房建筑的南立面图、北立面图、东立面图和西立面图，在识读立面图时，按以下步骤进行：

1. 识读南立面图，明确建筑物主要正立面的整体外貌。

(1) 明确建筑的外貌形状，与平面图相比较深入了解屋面、雨篷、台阶等细部的形状及位置。图 3-12 所示南立面图绘制比例为 1：100。该建筑共四层，屋顶为平屋顶。从立面看，建筑物体形除在东侧多室外楼梯外，其余均对称。主要入口处设有雨篷及坡道，西侧也有一次要出入口。立面上最明显的做法是建筑物顶部有一高出屋面的板，中间竖有

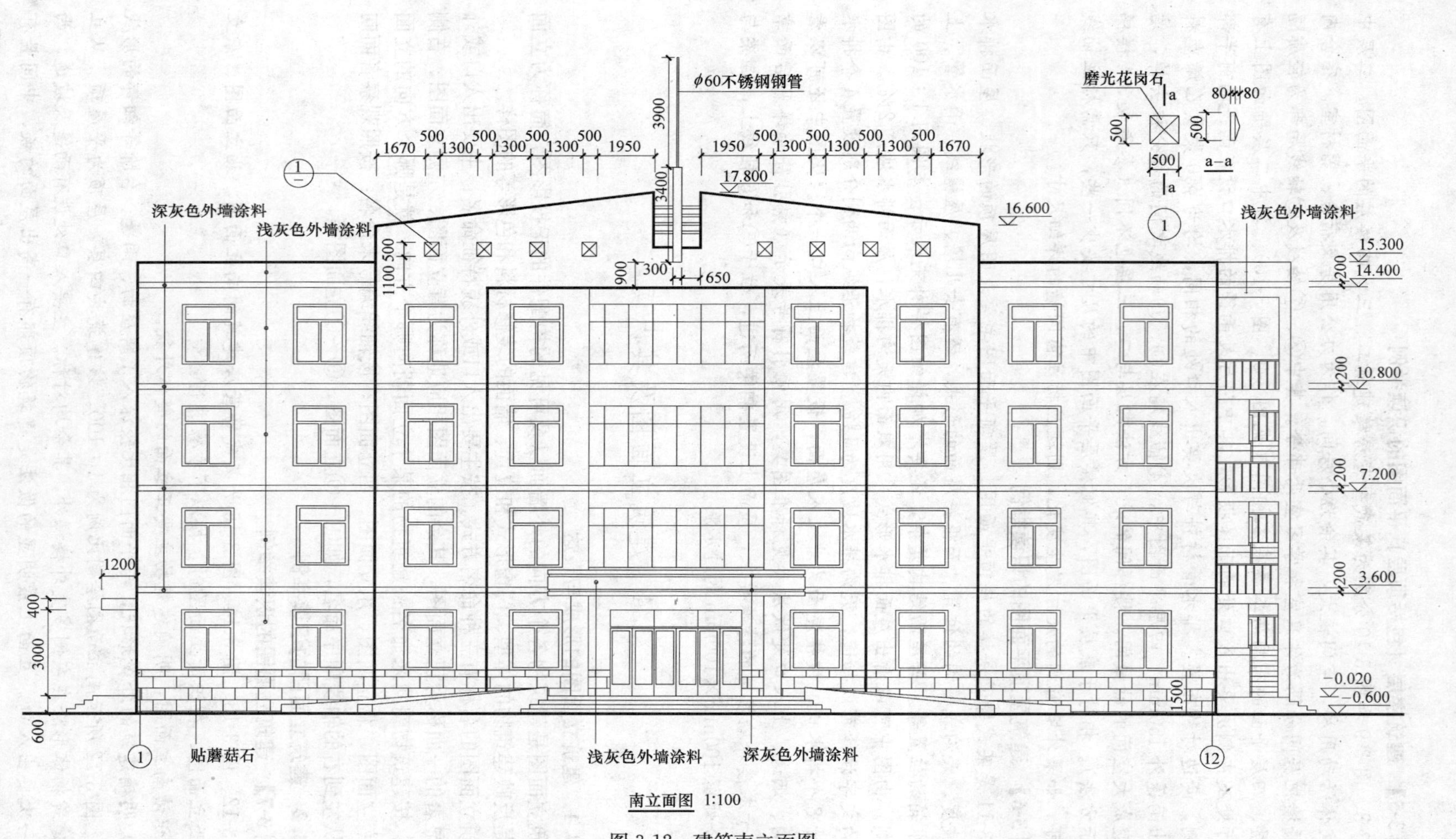
φ60不锈钢钢管
磨光花岗石
80
80
500
500
500
a-a
a
a
3900
1670
500
1300
500
1300
500
1300
500
1950
1950
500
1300
500
1300
500
1300
500
1670
3400
17.800
16.600
1
1
深灰色外墙涂料
浅灰色外墙涂料
浅灰色外墙涂料
15.300
14.400
10.800
7.200
3.600
-0.020
-0.600
200
200
200
200
1100 500
900
300
650
1200
400
3000
600
1500
1
贴蘑菇石
浅灰色外墙涂料
深灰色外墙涂料
12
南立面图 1:100

图 3-12　建筑南立面图

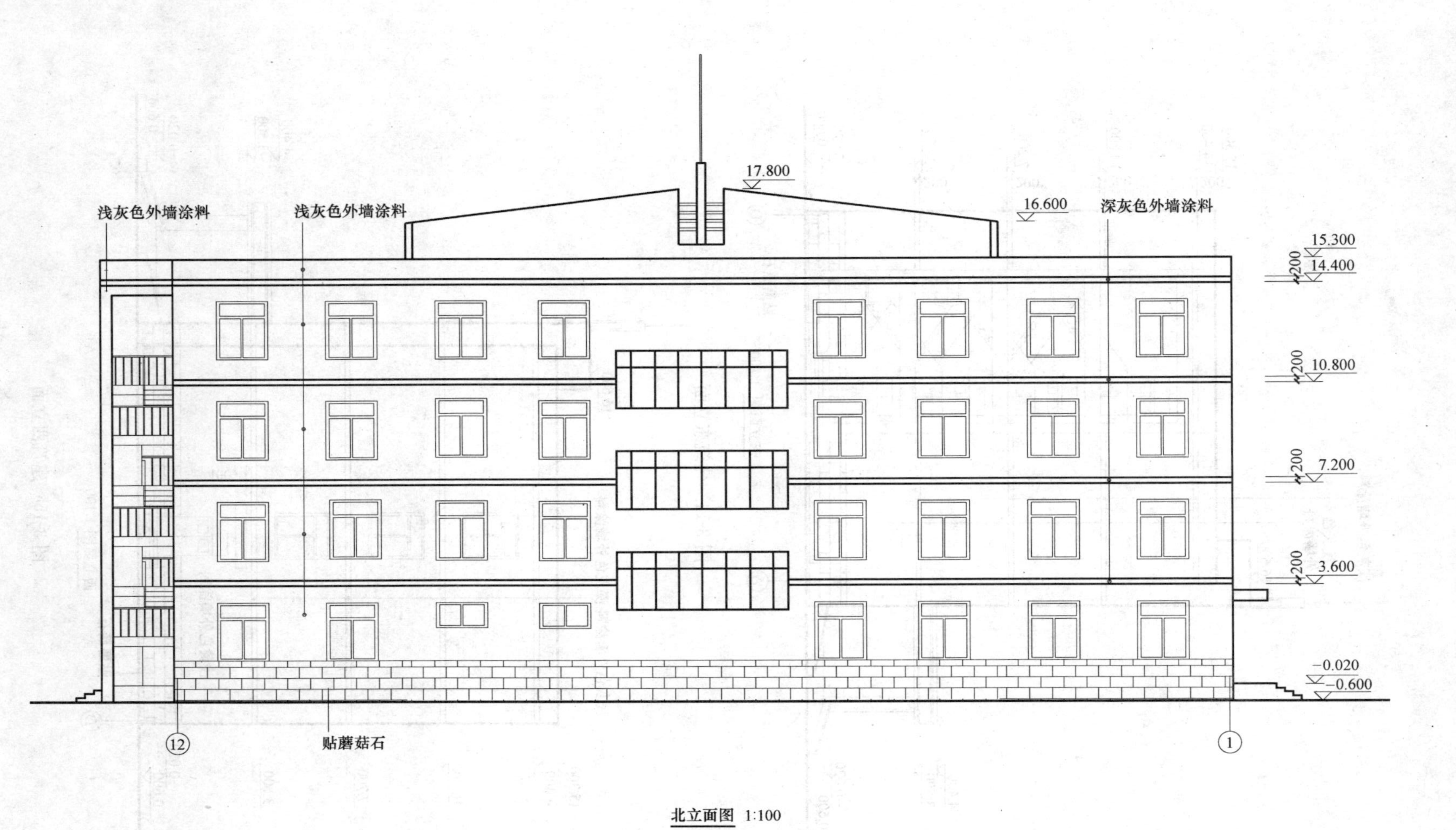

北立面图 1:100

图 3-13 建筑北立面图

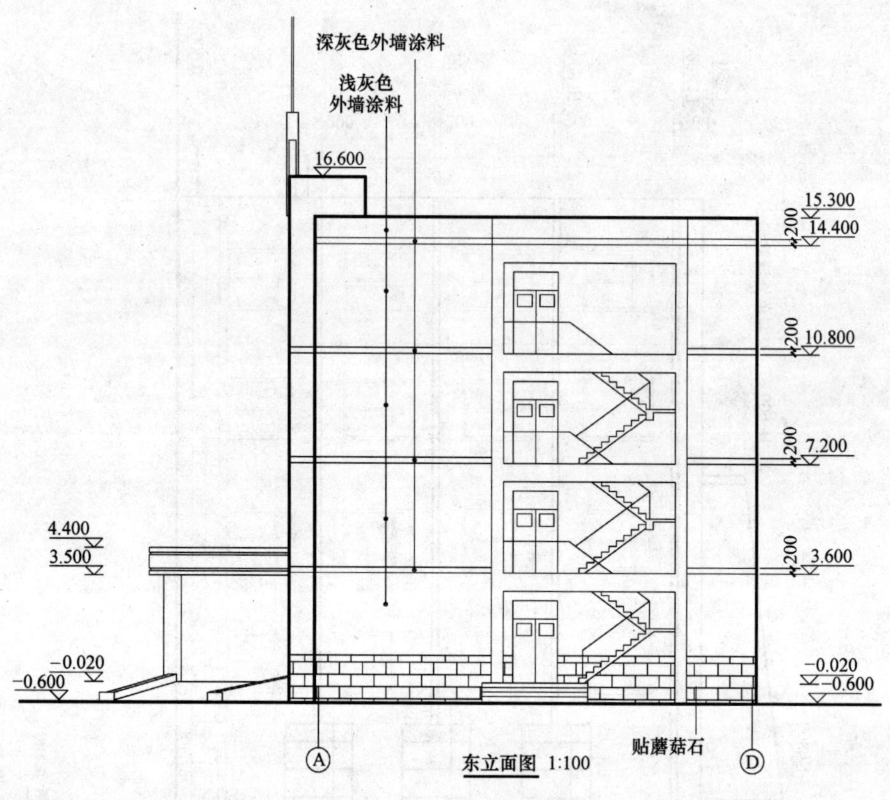

图 3-14　建筑东立面

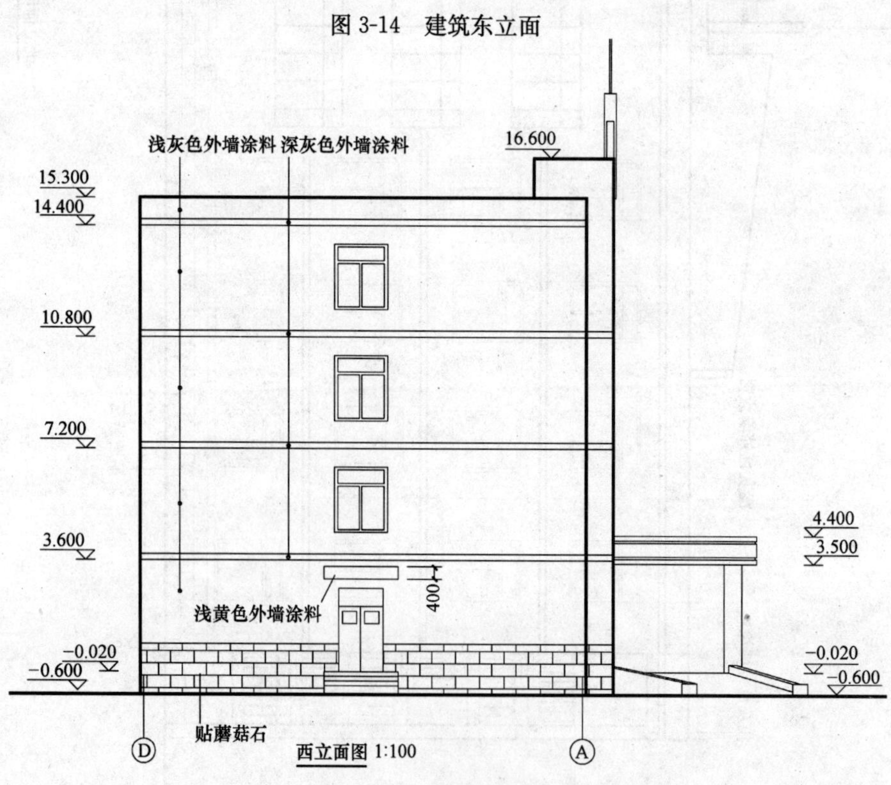

图 3-15　建筑西立面

高 3900mm 的旗杆。

(2) 明确建筑的高度。图 3-12 立面的右侧及顶部注有标高。如室外地坪为−0.600m，檐口标高为 15.300m，最高处为 17.800m，每层室外楼梯的休息平台的标高也都相应标出。

(3) 明确建筑物外墙各部分的装修做法。从图中可以看出，一层窗台之下的外墙为蘑菇石贴面；其上部的外墙面以浅灰色外墙涂料饰面，两层之间的分割带以深灰涂料粉饰；雨篷部位也是以深浅两种涂料粉饰；室外楼梯均为浅灰色外墙涂料。南立面顶部贴有八块磨光花岗石石块。顶部旗杆为 ϕ60 不锈钢钢管。

(4) 明确索引符号的意义。本例中对于顶部八块磨光花岗石的具体尺寸通过详图索引符号直接绘制在立面图一侧。

由图中可以看出，在立面图中不可见的轮廓一律不用表示。建筑物的整体外包轮廓画粗实线，室外地坪画加粗实线。门窗扇的分格、外墙面上的其他构配件、装饰线等用细实线画出。

2. 识读其他立面图，明确建筑物其他立面的外貌。

在对建筑物主要立面的外貌形状有了清晰的了解以后，再了解其他立面图。如图 3-13 为北立面。此图主要表示了建筑物背立面房间的外窗以及主楼梯间外窗的造型。除了外墙粉刷跟南立面相同外，右侧的标高不再是室外楼梯处的标高，而是建筑物每层楼面的标高。图 3-14、图 3-15 为东、西立面图。东立面图主要表达了室外楼梯的投影及相应的标高；西立面图中增加了西侧次要入口处的雨篷尺寸，雨篷厚 400mm。

综合以上所示建筑立面图可以看出，在建筑立面图中主要反映以下内容：

(1) 建筑物外形可见的轮廓及门窗、台阶、雨篷、阳台、雨水管等的位置和形状。

(2) 用文字说明建筑外墙、窗台、勒脚、檐口等墙面做法及饰面分格等。

(3) 标注出建筑物两端或分段的定位轴线及编号。

(4) 标高及必需标注的局部尺寸：立面图上的高度尺寸主要是用标高形式标注，包括室内外地面、台阶、门窗洞的上下口、檐口、雨篷、水箱等处的高度。立面图上，一般只注写相对标高尺寸，通常需注写出屋外地坪、楼地面、入口地面、勒脚、窗台、门窗顶及檐口、屋顶等主要部位处的标高。

3.5 建筑剖面图及其识读

3.5.1 建筑剖面图的形成与表达

假想用一个铅垂的剖切平面，在房屋能反映全貌、构造特征及有代表性的部位进行剖切后，将其中一部分移去，对剩下的一部分按正投影原理绘制而成的图形，称为剖面图。建筑剖面图用以表示建筑内部的结构构造、垂直方向的分层情况、各层楼地面、屋顶的构造及相关尺寸、标高等。

剖面图的剖切位置和数量应根据建筑物自身的复杂情况而定，剖切位置一般应选择在建筑物的主要部位或是构造较为典型的部位，如楼梯间等处。习惯上，剖面图不画基础，断开面上材料图例与图线的表示均与平面图的表示相同，即被剖到的墙、梁、板等轮廓线用粗实线表示，没有剖到的但是可见的部分的轮廓线用中实线表示，被剖切断开的钢筋混凝土梁、板断面用涂黑表示。

3.5.2 建筑剖面图的识读举例

【例 3-8】 建筑剖面图的识读举例

图 3-16、图 3-17 为某武警营房楼建筑剖面图。此建筑剖面图的阅读方法如下。

(1) 明确剖面图的位置。图 3-16、图 3-17 所示 1-1、2-2 剖面图可从底层平面图（图 3-7）找到剖切平面的位置，1-1 为门厅到主要楼梯的剖切；2-2 在②～③轴线间，断开位置从餐厅到操作间。因此 1-1 剖面图中绘制出了楼梯间、走廊和门厅的剖面，而 2-2 剖面图只剖切到普通房间及走廊，因此只有普通房间的竖向剖面图。

(2) 明确被剖到的墙体、楼板和屋顶。从图 3-16 上可以看出，被剖到的墙体有Ⓐ轴线墙体、Ⓑ轴线墙体、Ⓒ轴线墙体和Ⓓ轴线墙体以及墙体上的门窗洞口。其中Ⓑ轴线底层为门厅，二层之上为房间，故底层只有可见的走廊轮廓线，二层之上剖到的则都是墙体。底层门厅处，详细表示出了雨篷竖向的尺寸，以及雨篷外表面分割条的尺寸。底层与Ⓐ轴线距离 600mm 处为门厅处的分户门，高度为 3000mm。1-1 剖面剖切到南外墙上的弧形窗 C3，由图中可知，此弧形窗下部墙体为轻质墙，采用轻质墙图例表示出来。看屋面部分可知，屋面向两侧排水，坡度为 2%，与图 3-11 屋顶平面图表示的屋面排水一致。

(3) 明确可见部分。在图 3-16 所示的 1-1 剖面中，主要可见部分为两侧外墙上的窗子轮廓，一层走廊处的分隔门，走廊的轮廓线，室外雨篷柱的轮廓线。楼梯间处，未剖到的楼梯段的投影为可见部分。屋面处女儿墙的轮廓以及屋面上翻梁的轮廓也均为可见部分。其中翻梁长 2400mm、高 1300mm，与屋顶平面图相一致。另外在 1-1、2-2 剖面图中，均有旗杆的可见轮廓投影，也都用中实线表示。

(4) 识读建筑物主要尺寸标注。在 1-1 剖面中，主要的尺寸有楼梯处踏步的高度、扶手的尺寸等。从图中可以看出该建筑各层层高均为 3.6m。另外 1-1 剖面上还标注了雨篷处的标高及尺寸。雨篷板底标高 3.500m，板顶标高 4.400m。2-2 剖面图中标注出门窗高度和定位尺寸及各层层高、建筑物总高。除了标高，图中还标注了门窗洞口的竖向高度，其中分户门为 2700mm，外窗高 2100mm。

(5) 识读索引符号、图例等。在 1-1 剖面中，踏步与栏杆扶手处有索引符号，且均为索引自标准图集 L96J401。对于剖到的墙体，砖墙不表示图例，而轻质墙体则以图例表示出来。对于剖到的楼板、楼梯梯段板、过梁、圈梁，材料均为钢筋混凝土，在建筑剖面图中则以涂黑表示。

综上所述，可以看出建筑剖面图的图示内容主要包括以下几点：

(1) 被剖到的墙、柱及其定位轴线。

(2) 被剖到的建筑物的其他部位，如楼地面面层、内外墙、屋顶、楼梯、阳台、散水、雨篷等的构造做法。

(3) 用索引符号、图例或文字说明屋顶、楼面、地面的构造和内墙粉刷装饰等内容。

(4) 标注尺寸和标高。在剖面图上，应标明建筑物各部位的标高和高度，外部尺寸标注室外地坪、勒脚、窗台、门窗顶及檐口、屋顶等处的标高和大小尺寸。其中外墙的高度尺寸应标注三道：最内侧靠近外墙，从室外地面开始分段标出窗台、门、窗洞口等尺寸；中间一道为建筑物各层层高；最外层为室外地面以上的总尺寸。内部应标注出底层地面、各层楼面、楼梯休息平台等处的标高。

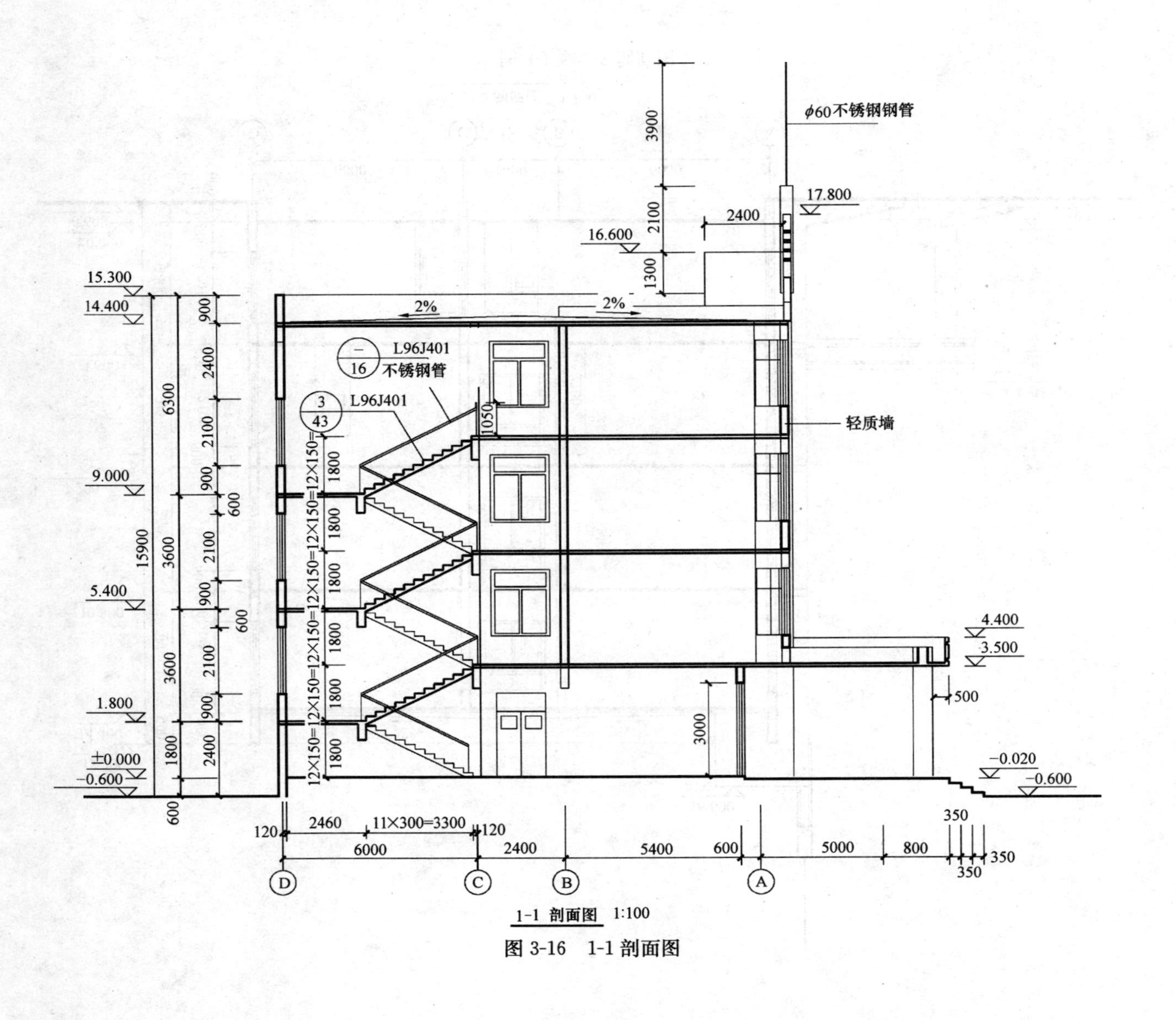

1-1 剖面图 1:100

图 3-16 1-1 剖面图

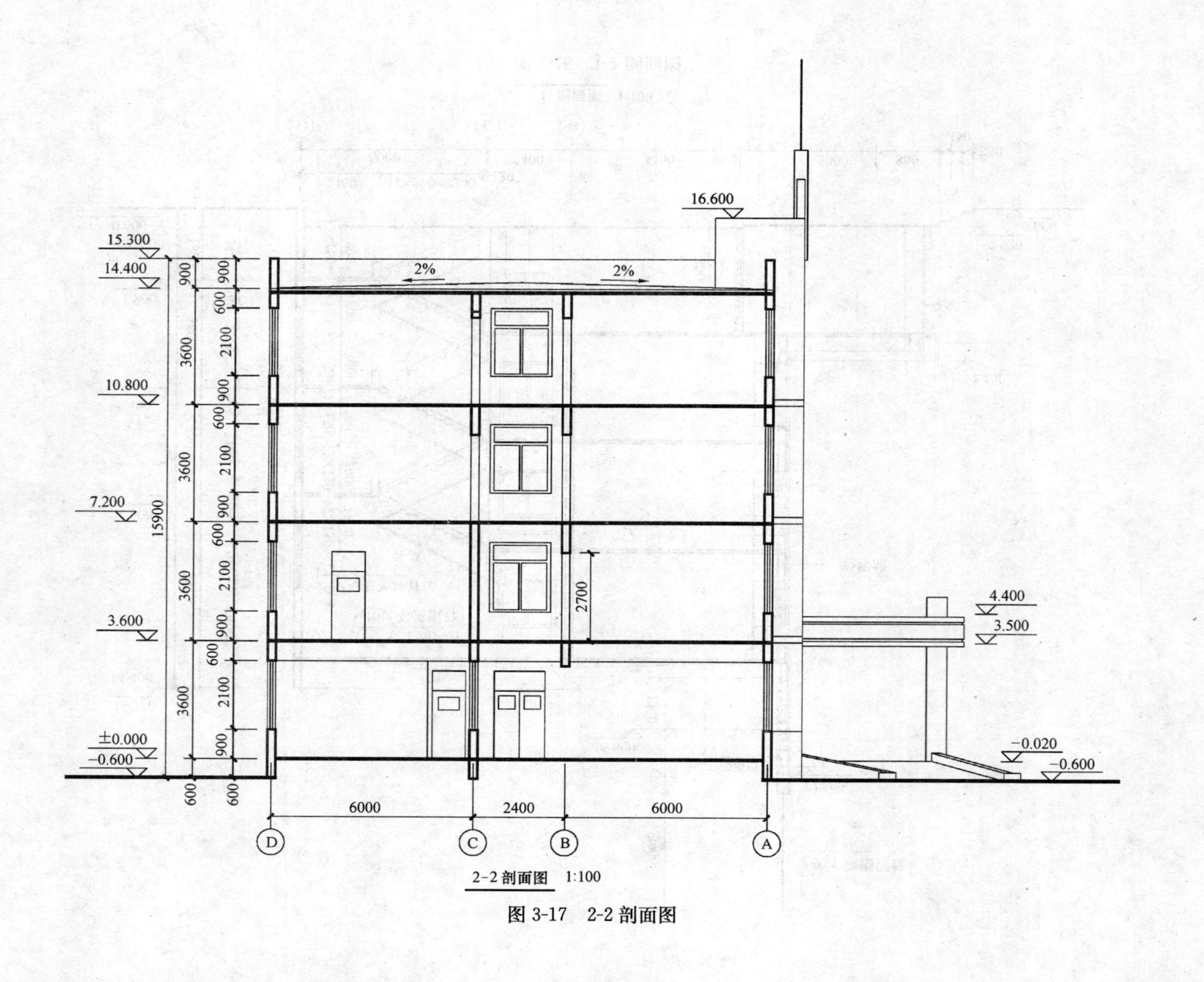

16.600
15.300
14.400
10.800
7.200
3.600
±0.000
−0.600
2%
2%
2700
4.400
3.500
−0.020
−0.600
15900
3600
3600
3600
3600
900
600
2100
600
600
6000
2400
6000
D
C
B
A
2-2 剖面图 1:100

图 3-17 2-2 剖面图

需要注意的是，标高有建筑标高与结构标高之分。建筑标高指包括粉刷层在内的装修完成后的标高，一般标注在构件的上顶面，如地面、楼面的标高。结构标高指不包括粉刷层在内的结构底面的标高，一般标注在构件的下底面，如各梁的底面标高。但是门、窗洞口的上顶面和下底面标高均标注到不包括粉刷层的结构面位置。

3.6 建筑详图及其识读

3.6.1 建筑详图的概念与表达

建筑详图是指将建筑物的细部构造、尺寸及材料做法等，按正投影原理用较大的比例绘制所形成的详细图样，有时也称为大样图。其特点是比例大（常用1∶50、1∶20、1∶10、1∶5、1∶2、1∶1等）、尺寸齐全、文字说明详尽。详图可采用视图、剖面图的表示方法，凡在建筑平、立、剖面图中没有表达清楚的细部构造等内容，均需用详图补充表达。在详图上，尺寸标注要齐全，并注出主要部位的标高，而用料及做法也要表达清楚。凡是视图上某一部分（或某一构件）另有详图表示的部位，必须注明详图索引符号，并且在详图上要注明详图符号。

建筑上常用的详图有外墙墙身详图、楼梯详图、门窗详图等。

3.6.2 各类建筑详图的识读

1. 外墙墙身详图的识读

外墙墙身详图即建筑物的外墙身剖面详图，是建筑细部的施工图。它是根据施工要求，将建筑平面图、立面图和剖面图中的某些建筑构配件（如门、窗、楼梯、阳台、各种装饰等）或某些建筑剖面节点（如檐口、窗台、明沟或散水以及楼地面面层、屋顶层等）的详细构造（包括样式、层次、做法、用料、详细尺寸等）用较大比例清楚地表达出来所形成的图样。

【例3-9】 建筑外墙墙身详图的识读举例

图3-18为某武警营房楼外墙节点详图。我们可以按以下步骤进行读图。

(1) 根据建筑外墙墙身详图的剖切编号，在平面图、剖面图或是立面图上查找出相应的剖切平面的位置，以了解外墙在建筑物的具体部位。图3-18是建筑剖面图中外墙身的放大图，比例为1∶20。图中不仅表示了屋顶、檐口、楼面、地面等构造以及与墙身的连接关系，而且表示出了窗、窗顶、窗台等处的构造情况。圈梁、过梁均为钢筋混凝土构件，楼板为钢筋混凝土空心板，均用钢筋混凝土图例绘制表示。外墙为240mm厚砖墙，也以图例表示出来。根据墙轴线编号Ⓐ看图可知，所画的外墙是某武警营房楼南侧外墙。

(2) 看图时应按从下到上或是从上到下的顺序，一个节点、一个节点的阅读，了解各个部位的详细构造、尺寸、做法，并与材料做法表相对照。在画外墙详图时，一般在门窗洞口等处用折断线断开。建筑外墙墙身详图实际上是几个节点（地面、楼面、窗台、屋面）详图的组合。有时也可不画整个墙身的详图，而是把各个节点的详图分别单独绘制。在多层建筑中，如果中间各层墙体的构造相同，则只画底层、中间层和顶层三个部位的组合。图3-18即是绘制了室外散水与室内地面节点、楼面节点、檐口节点三个节点详图的组合。

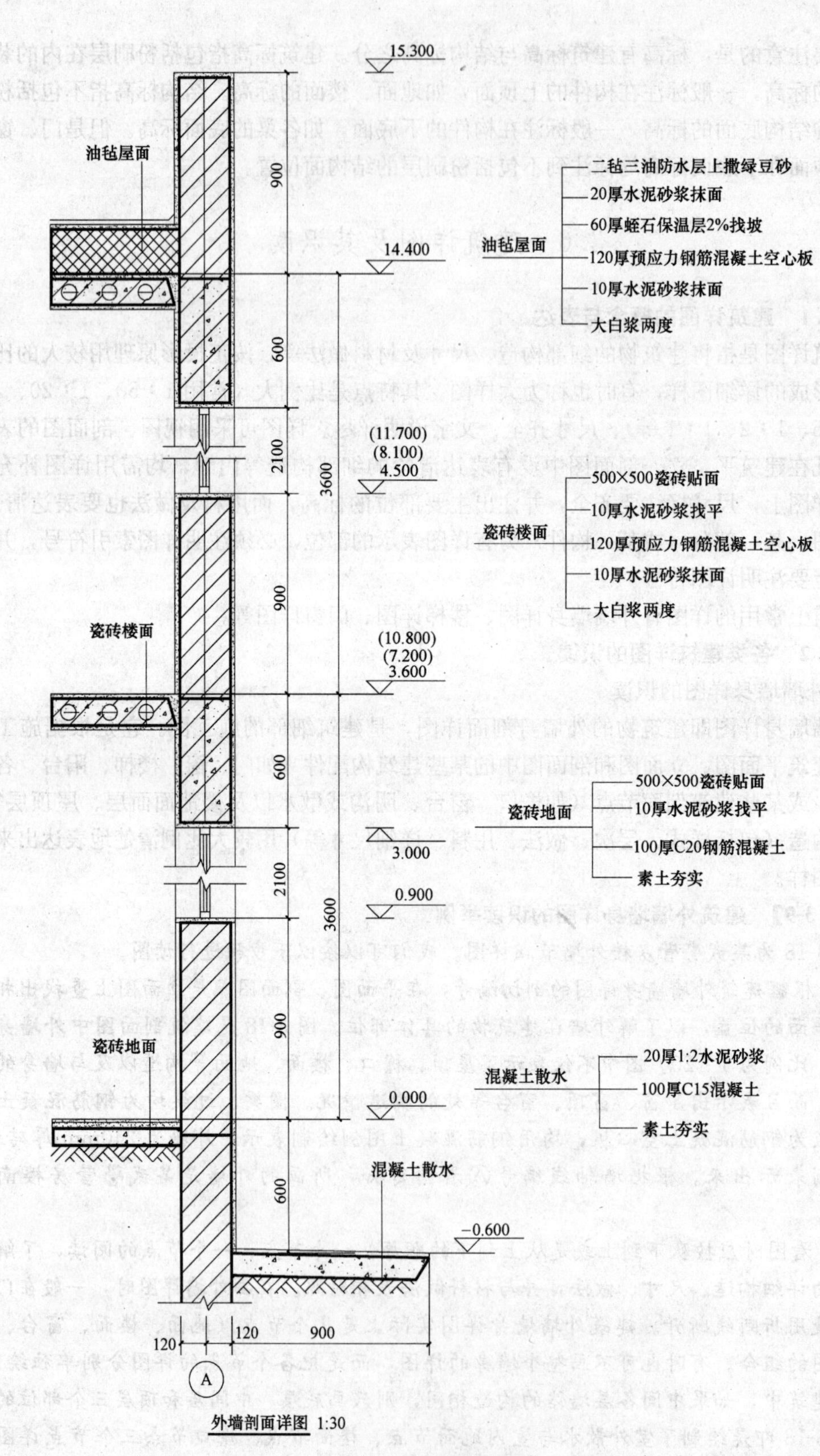

15.300
油毡屋面
900
二毡三油防水层上撒绿豆砂
20厚水泥砂浆抹面
60厚蛭石保温层2%找坡
油毡屋面
14.400
120厚预应力钢筋混凝土空心板
10厚水泥砂浆抹面
大白浆两度
600
2100
(11.700)
(8.100)
4.500
3600
500×500瓷砖贴面
10厚水泥砂浆找平
瓷砖楼面
120厚预应力钢筋混凝土空心板
10厚水泥砂浆抹面
900
大白浆两度
瓷砖楼面
(10.800)
(7.200)
3.600
600
500×500瓷砖贴面
瓷砖地面
10厚水泥砂浆找平
3.000
100厚C20钢筋混凝土
2100
素土夯实
0.900
3600
900
瓷砖地面
20厚1:2水泥砂浆
混凝土散水
100厚C15混凝土
0.000
素土夯实
混凝土散水
600
−0.600
120
120
900
A
外墙剖面详图 1:30

图 3-18　外墙节点详图

(3) 先看第一个节点即勒脚、散水节点，如图 3-18 所示，它是底层窗台以下部分的墙身详图。从图中可以看出，室内地面为混凝土地面，做法：在 100mm 厚 C20 混凝土上用 10mm 厚水泥砂浆找平，上铺 500mm×500mm 的瓷砖。在室内地面与墙身基础的相连处设有防水水泥砂浆水平防潮层，一般用粗实线表示。本图中窗台的做法比较简单，没有窗台板也没有外挑檐。室外为混凝土散水，做法如下：在素土夯实层上铺 100mm 厚 C15 混凝土，面层为 20mm 厚 1∶2 水泥砂浆。

(4) 再向上看第二个节点即楼层节点，从而了解楼层节点的作法。由图可知，该节点表示了圈梁、过梁（本例中圈梁与过梁合二为一）的位置，楼板搭在横墙上，楼板面层采用瓷砖贴面，顶棚面和内墙面均为 10mm 厚水泥砂浆抹面刮大白浆两度。

(5) 最后看第三个节点即檐口节点部分。图中檐口采用女儿墙形式，高度 900mm。屋面做法为油毡保温屋面，保温层采用 60mm 厚蛭石保温层，并做 2% 坡度兼起找坡作用。防水层采用二毡三油卷材防水，上撒绿豆砂保护层。

(6) 再看所标注的尺寸。在图 3-18 中，注明了室外地面、底层室内地面、窗台、窗顶、楼面、顶棚、檐口底面及顶面的标高。在楼层节点处的标高，其中 7.200 与 10.800 用括号括起来，表示与此相应的其他楼层高度上，该节点图仍然适用。此外，图中还注明了高度方向的尺寸及墙身细部大小尺寸。如，墙身厚度为 240mm，室外散水宽为 900mm。

综上所述，墙身节点详图的图示内容主要包括以下几点：

(1) 外墙的墙脚、窗台、过梁、墙顶以及外墙与室内外地坪、外墙与楼面、屋面的连接关系。

(2) 门窗洞口、底层窗下墙、窗间墙、檐口、女儿墙等的高度。

(3) 室内外地坪、防潮层、门窗洞的上下口、檐口、墙顶及各层楼面、屋面的标高。

(4) 屋面、楼面、地面的多层构造做法。

(5) 立面装修和墙身防水、防潮要求，墙体各部位的踢脚线、窗台、窗楣檐口、勒脚、散水的尺寸、材料和做法等内容。

需要注意的是，由于采用较大比例（1∶20）来绘制墙身，限于图纸的尺寸，不能完整表达全部墙身，故在窗洞口等处作一截断，但窗洞口的尺寸仍按实际尺寸标注。

2. 楼梯详图的识读

楼梯是房屋建筑垂直交通的必要设施，由楼梯段（简称梯段）、休息平台、栏杆（或栏板）与扶手等组成。梯段是联系两个不同标高平面的倾斜构件，上面做有踏步。踏步的水平面称踏面，与踏步垂直的竖直面称踢面。休息平台有休息、缓冲和转换梯段的作用，栏杆（或栏板）与扶手则能保证楼梯交通的安全。

由于楼梯的构造比较复杂，因而需要单独画出楼梯详图来反映楼梯的布置类型、结构形式以及踏步、栏杆（或栏板）、扶手、防滑条等的详细构造、尺寸和装修做法。楼梯详图是楼梯放样、施工的依据。

楼梯详图一般由楼梯平面图、楼梯剖面图和楼梯踏步、栏杆（或栏板）、扶手等节点详图组成。如有楼梯剖面详图，在楼梯底层平面图上要有相应的剖切符号，表示剖面的剖切位置和剖视方向。

【例 3-10】 建筑楼梯平面图的识读举例

楼梯平面图（图 3-19）是用假想的剖切平面在距地面 1m 以上的位置水平剖切，向下所作的正投影图，因此它与建筑平面图的形成是完全相同的。因为建筑平面图选用的比例较小，不易把楼梯的构配件和尺寸详细表达清楚，所以用较大的比例另外画出楼梯平面图。在识读楼梯平面图时，可以按以下步骤进行：

(1) 了解楼梯平面图中的开间、进深尺寸。楼梯平面图中的尺寸一般有楼梯间的开间尺寸、进深尺寸、平台深度尺寸、梯段尺寸与梯井宽度尺寸，以及楼梯栏杆（或栏板）扶手的位置尺寸等。如图 3-19 楼梯位于轴线Ⓐ～Ⓑ和④～⑥间。楼梯间开间 2600mm（其中梯井宽 60mm），进深 5000mm。休息平台宽度 1420mm，楼层第一级踏步距Ⓑ轴线 1420mm。绘图中通常把梯段长度尺寸和每个踏步宽度尺寸用简化形式表示：（踏步级数－1）×踏面宽＝梯段长。图中梯段长度为 8×270＝2160mm，表明从室外到一层楼面有 9 级踏步。

(2) 了解楼梯平面图中楼梯间地面和休息平台面的标高。楼梯平面图中被剖切到的梯段，在平面图中用 45°的折断线表示。在每一梯段处画一长箭头，并注写“上”或是“下”字以及踏步数，表明从本层楼面到上层或是下层楼面的总的踏步数。图中可以看出从本层楼面到上层楼面，共 18 级踏步。楼梯间地面的标高为 1.200m（4.200m、7.000m、9.800m），休息平台地面的标高为 2.700m（5.600m、8.400m）。而在底层平面图上，标明了楼梯剖面图的剖切符号，剖切位置位于每层楼面下行梯段处，编号为 A-A 剖面。

综合上述内容可以看出楼梯平面图的图示内容主要有以下几点：

(1) 楼梯间的位置，用定位轴线表示清楚。

(2) 楼梯间的开间、进深、墙体厚度等尺寸。

(3) 梯段的长度、宽度以及楼梯段上踏步的宽度和数量，而（踏步级数－1）×踏面宽＝梯段长度。

(4) 休息平台的形式和位置、楼梯井的宽度、各层楼梯段的起始尺寸、各楼层和休息平台的标高尺寸等。

【例 3-11】 建筑楼梯剖面图的识读举例

楼梯剖面与建筑剖面图的形成完全相同，也是用一个垂直剖切平面，将楼梯梯段垂直剖切开，保留带有未剖切梯段的部分，并向该部分方向投影所形成的剖面图。

图 3-20 为某宿舍楼梯剖面图。以下是读图的步骤。

(1) 了解楼梯剖面图中楼梯的进深尺寸及轴线编号。本例中楼梯间的进深为 5000mm，位于Ⓐ和Ⓑ轴线间。梯段长度 2160mm 在楼梯平面图中已经注出。

(2) 了解各梯段和栏杆（或栏板）的高度尺寸、楼地面的标高以及楼梯间外墙上的门窗洞口的高度尺寸和标高。本例中一层楼面标高为 1.200m，由于一层层高为 3000mm，其余楼层层高为 2800mm。为了使每层楼的踏步数相同，即都为 18 级，一层楼梯踏步高定为 166.7mm，二层之上踏步高定为 156mm，所有踏步宽均为 270mm。

(3) 了解其他索引符号等。从图中可以看出楼梯扶手采用钢管焊制，详细做法以索引形式参见详图。扶手高 1100mm，顶层护栏高 1200mm。当标注与梯段板坡度相同的倾斜

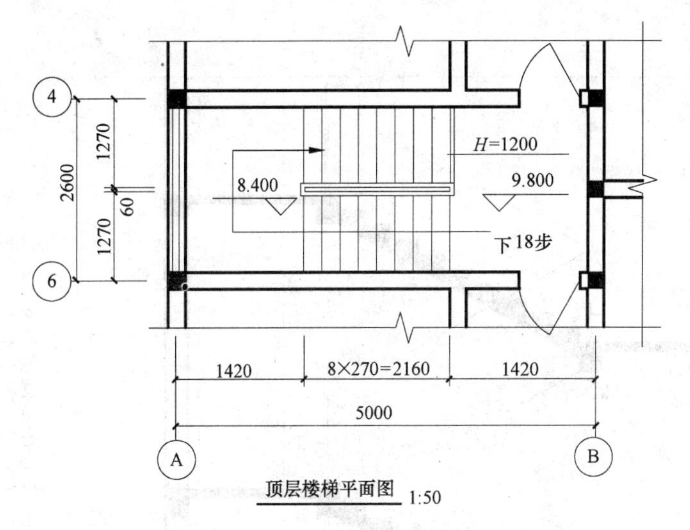

顶层楼梯平面图 1:50

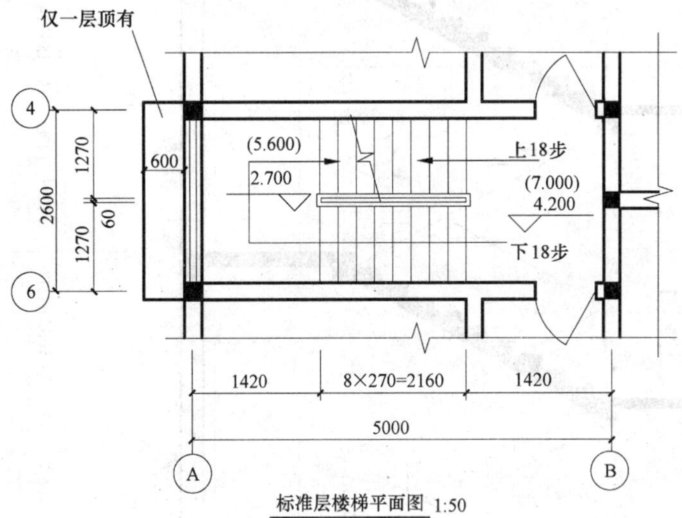

标准层楼梯平面图 1:50

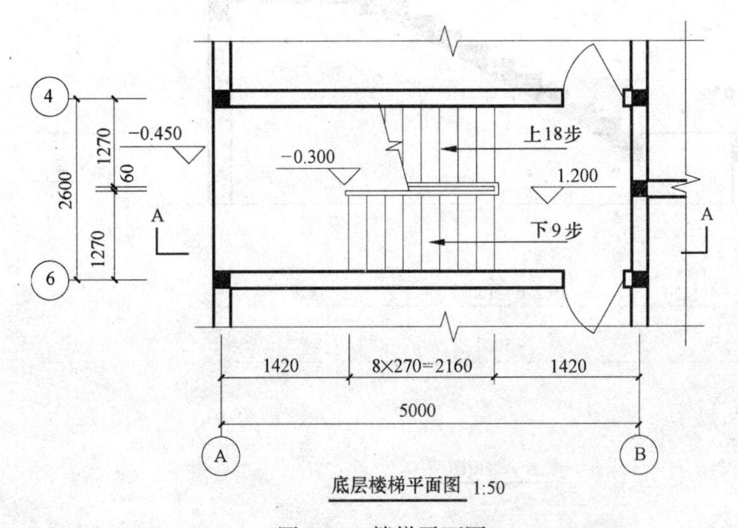

底层楼梯平面图 1:50

图 3-19 楼梯平面图

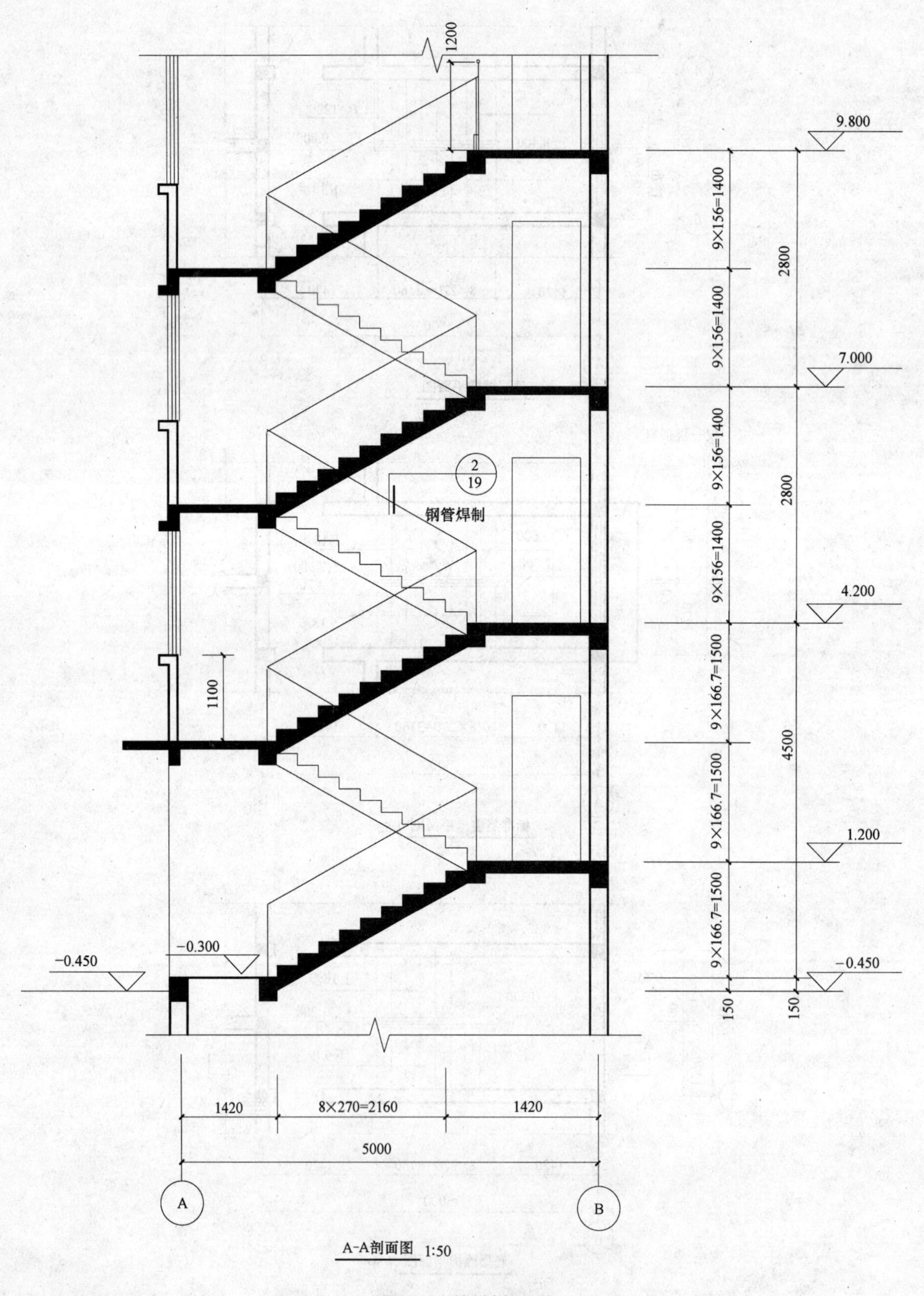
1200
9.800
9×156=1400
9×156=1400
2800
7.000
9×156=1400
9×156=1400
2800
2
19
钢管焊制
4.200
1100
9×166.7=1500
9×166.7=1500
4500
1.200
9×166.7=1500
−0.300
−0.450
−0.450
150
150
1420
8×270=2160
1420
5000
A
B
A-A剖面图 1:50

图 3-20　楼梯剖面图

栏杆栏板的高度尺寸时，应从踏面的中部起垂直标注到扶手的顶面；标注水平的栏杆栏板的高度尺寸时，应以栏杆栏板所在的地面为起始点垂直标注到扶手的顶面。

综上所述楼梯剖面图的图示内容主要有以下几点：梯段的长度、踏步级数、楼梯的结构形式、材料、楼地面、休息平台、栏杆等的构造做法，以及各部分的标高及索引符号等。绘图时一般采用1∶50、1∶30或是1∶40的比例，本图采用的为1∶50的比例。

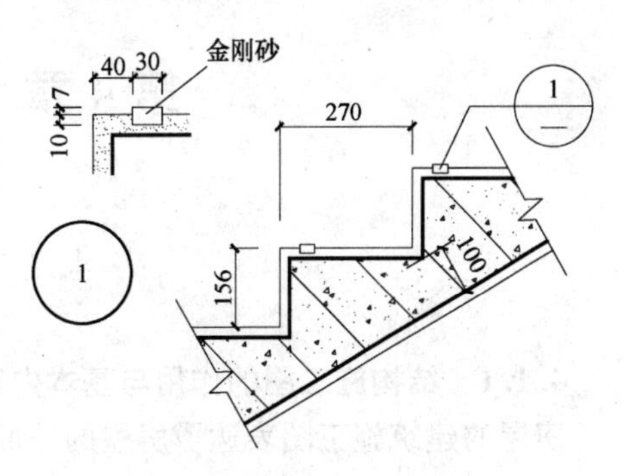

楼梯节点详图 1:20

图3-21 楼梯节点详图

【例3-12】 楼梯节点详图的识读举例

如图3-21所示为楼梯的节点详图，主要表达楼梯栏杆（或栏板）、踏步、扶手的做法。如采用标准图集，则直接引注标准图集编号；如采用特殊形式或做法，则用1∶10、1∶5、1∶2、1∶1的比例详细画出。图3-21中踏面宽为270mm，踢面高156mm，梯段板净厚100mm。为防行人滑跌，在踏步端口处设置30mm宽的金刚砂防滑条。

复习思考题

1. 房屋建筑一般主要由哪几部分组成？每一部分的作用是什么？

2. 建筑施工图一般包括哪些图样？

3. 建筑总平面图是如何形成的？它主要包括哪些内容？

4. 建筑平面图是如何形成的？房屋建筑一般有哪几种平面图？

5. 建筑平面图中的外部尺寸共有几道？各表示哪些尺寸？

6. 建筑立面图是如何形成的？它主要包括哪些内容？建筑立面图的命名方式有哪几种？每一种命名方式下建筑立面图各有哪些类型？

7. 在建筑立面图中一般应标注哪些标高？

8. 建筑剖面图是如何形成的？其剖切位置应如何选择？建筑剖面图主要包括哪些内容？

9. 什么是建筑详图？它主要有哪几种类型？

10. 建筑施工图的一般绘制方法和步骤是什么？

第 4 章　结构施工图

4.1 概　述

4.1.1　结构施工图的作用与基本内容

房屋的建筑施工图表达了房屋的外形、内部布置、建筑构造和内外装修等内容，而房屋的各承重构件（如基础、梁、板、柱或承重墙等，它们相互支承，连成整体，组成了房屋的承重系统）的布置、结构构造等内容都由结构施工图来表达。房屋的承重结构系统称为“建筑结构”，简称“结构”，而组成这个系统的各个构件称为“结构构件”。

结构施工图主要用来作为施工放线、开挖基槽、支模板、绑扎钢筋、设置预埋件、浇筑混凝土，安装梁、板、柱等构件，以及编制预算和施工组织进度计划等的依据，并表达结构设计的内容，它是反映建筑物和承重构件（如基础、承重墙、柱、梁、板、屋架）的布置、形式、大小、材料、构造及其相互关系的图样。它还反映其他专业（如建筑、给水排水、暖通、电气等）对结构的要求。

结构施工图一般包括基础图、上部结构的布置图和结构详图。

由于结构构件种类繁多，为了便于绘图和读图，在结构施工图中常用代号来表示构件的名称。常用构件的名称、代号见表 4-1。

常用构件代号　　表 4-1

序号	名称	代号	序号	名称	代号	序号	名称	代号
1	板	B	14	梁	L	27	基础	J
2	屋面板	WB	15	屋面梁	WL	28	设备基础	SJ
3	空心板	KB	16	吊车梁	DL	29	桩	ZH
4	槽形板	CB	17	圈梁	QL	30	柱间支撑	ZC
5	折板	ZB	18	过梁	GL	31	垂直支撑	CC
6	密肋板	MB	19	连系梁	LL	32	水平支撑	SC
7	楼梯板	TB	20	基础梁	JL	33	梯	T
8	盖板或沟盖板	GB	21	楼梯梁	TL	34	雨篷	YP
9	挡雨板或檐口板	YB	22	檩条	LT	35	阳台	YT
10	吊车安全走道板	DB	23	屋架	WJ	36	梁垫	LD
11	墙板	QB	24	天窗架	CJ	37	预埋件	M
12	天沟板	TGB	25	框架	KJ	38	天窗端壁	TD
13	柱	Z	26	刚架	GJ	39	钢筋网	W

4.1.2　钢筋混凝土构件的基本知识

1. 钢筋混凝土构件的组成和混凝土的强度等级

钢筋混凝土构件由钢筋和混凝土两种材料组成。混凝土是由水泥、砂、石子、水按一定比例拌合而成。混凝土抗压强度高，混凝土的抗压强度分为 C15～C80 共 14 个等级，数字越大，表示混凝土抗压强度越高。但混凝土的抗拉强度较低，容易受拉而断裂。为了提高混凝土构件的抗拉强度，在混凝土构件的抗拉区内配置一定数量的钢筋。钢筋不但具有良好的抗拉强度，而且与混凝土有良好的粘结力，其热膨胀系数与混凝土相近，因而两者结合成钢筋混凝土构件具有良好的力学性能。

2. 钢筋混凝土构件中钢筋的分类和作用

钢筋混凝土构件的配筋种类与构造如图 4-1 所示。

受力筋：钢筋混凝土构件中承受拉力或压力的钢筋。在梁中于支座附近弯起的受力筋，也称弯起钢筋。

箍筋：一般用于梁和柱内，用以固定受力筋的位置，并承担部分剪力和扭矩。

架立筋：一般在梁中使用，与受力筋、箍筋一起形成钢筋骨架，用以固定钢筋位置。

分布筋：多配置于板内，与板的受力筋垂直分布，用以固定受力筋的位置，与受力筋一起构成钢筋网，并可以抵抗各种原因引起的混凝土开裂。

构造筋：因构件在构造上的要求或施工安装需要配置的钢筋。如腰筋、吊环、预埋锚固筋等。

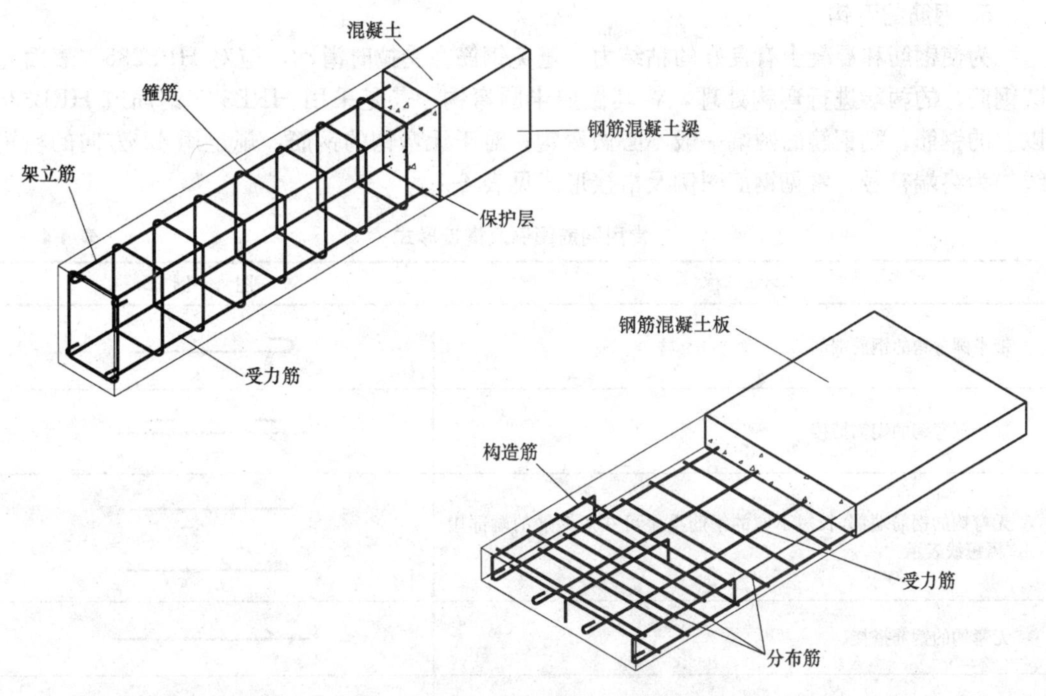

图 4-1　钢筋混凝土构件的配筋构造

3. 钢筋的种类与代号

钢筋按其强度和品种分成不同的等级，并分别用不同的直径符号表示，见表 4-2。

4. 钢筋的保护层

为了保护钢筋（防火、防蚀）和保证钢筋与混凝土的粘结力，钢筋外边缘到构件表面保持一定厚度，叫做保护层。根据钢筋混凝土结构设计规范规定，钢筋混凝土构件保护层的最小厚度见表 4-3。

钢筋的品种与代号　　表 4-2

种　类	代号	种　类	代号
HPB235(Q235)热轧光圆钢筋	Φ	HRB400(20MnSiV、20MnSiNb、20MnTi)热轧带肋钢筋	Φ
HRB335(20MnSi)热轧带肋钢筋	Φ		
冷拔低碳钢丝	$Φ^{b}$	RRB400(K20MnSi)余热处理钢筋	$Φ^{R}$

钢筋混凝土构件的保护层（mm）　　表 4-3

钢　筋	构件名称		保护层厚度
受力筋	墙、板和环形构件	截面厚度≤100	10
		截面厚度＞100	15
	梁和柱		25
	基础	有垫层	35
		无垫层	70
箍筋	梁和柱		15
分布筋	板和墙		10

5. 钢筋的弯钩

为使钢筋和混凝土有良好的粘结力，避免钢筋在受拉时滑动，应对 HPB235（表面光圆钢筋）的两端进行弯钩处理，将其做成半圆弯钩；若是采用 HRB335 钢筋或 HRB335 以上的钢筋，则钢筋的两端一般不必做弯钩；对于无弯钩的钢筋，规定用 45°方向的粗短线作为终端符号。常见钢筋图例及搭接形式见表 4-4。

常用钢筋图例及搭接形式　　表 4-4

名　称	图　例
带半圆弯钩的钢筋端部	
带半圆弯钩的钢筋搭接	
无弯钩的钢筋端部，长短不同的钢筋重叠可在短钢筋的端部用 45°粗短线表示	
无弯钩的钢筋搭接	
带直弯钩的钢筋端部	
带直弯钩的钢筋搭接	
带丝扣的钢筋端部	
机械连接的钢筋接头	

6. 钢筋的尺寸注法

结构施工图中的钢筋，有两种标注形式：

（1）标注钢筋的根数和直径。如梁内受力筋和架立筋。

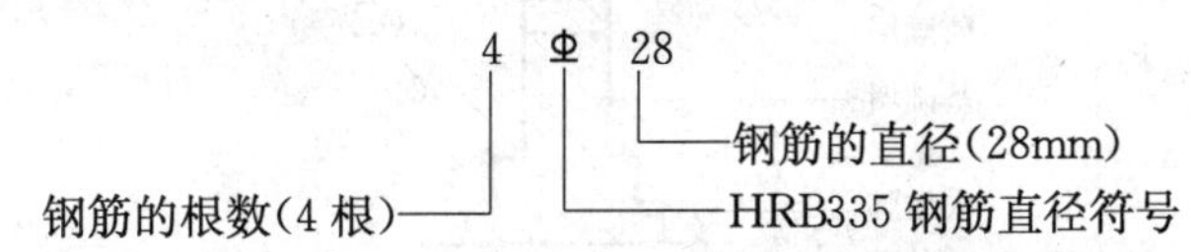

（2）标注钢筋的直径和相邻钢筋中心距，如箍筋和板内钢筋。

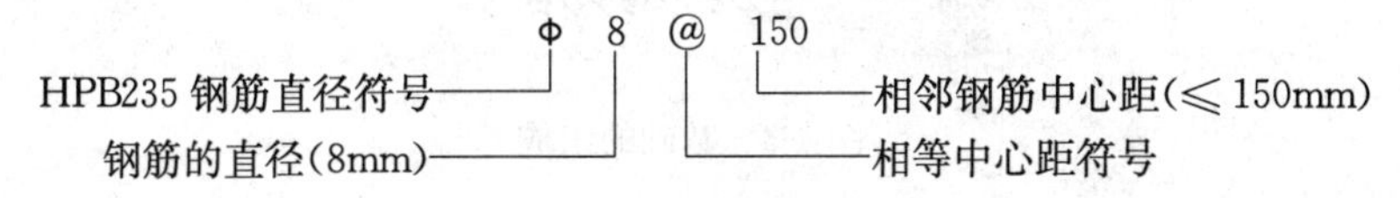

4.2 基础图及其识读

基础是建筑物地面以下承受建筑物全部荷载的构件。混合结构民用建筑的基础，按其构造形式可分为条形基础和柱下独立基础（如图 4-2），条形基础一般用作砖墙基础；按其材料的不同可分为砖（石）基础、混凝土基础、毛石基础和钢筋混凝土基础。

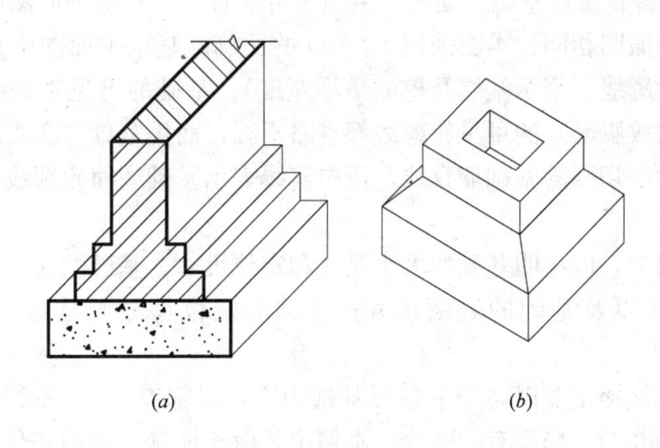

图 4-2 基础的形式
(a) 条形基础；(b) 独立基础

4.2.1 基础的组成与表达

基础下部的土壤称为地基；为基础施工而开挖的土坑称为基坑；基坑边线就是施工放线的灰线；从室内地面到基础顶面的墙为基础墙；从室外地面到基础底面的垂直距离称为埋置深度；基础墙下部做成阶梯形的砌体称为大放脚；防潮层是防止地下水对墙体侵蚀的一层防潮材料。如图 4-3 所示。

基础图表示建筑物室内地面以下基础部分的平面布置及详细构造。通常用基础平面图和基础详图表示。

4.2.2 基础图的识读

1. 基础平面图的识读

基础平面图是假想用一水平剖切平面，沿建筑底层地面（即±0.000）将其剖开，移

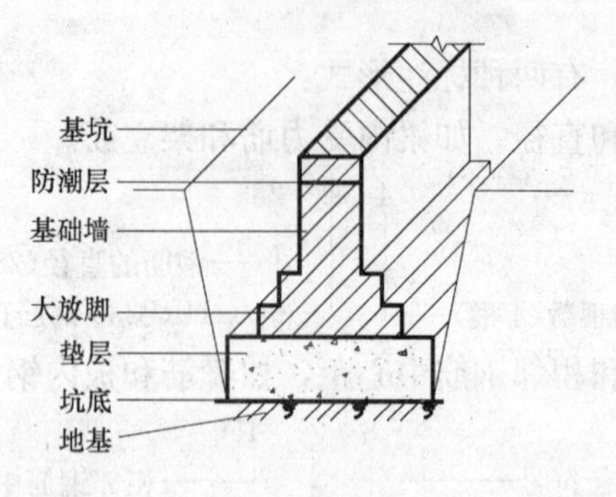

图 4-3　基础的组成

去剖切面以上的建筑物并假想基础未回填土前所作的水平投影。

在基础平面图中，应注明基础的大小尺寸和定位尺寸，如图 4-4 所示。基础的大小尺寸即基础墙的宽度、柱的外形尺寸以及基础的底面尺寸；基础的定位尺寸则是指基础墙、柱的轴线尺寸。基础的断面形状与埋置深度要根据上部的荷载以及地基承载力而定，不同荷载和不同地基承载力的下部就有不同的基础。对每一种不同的基础，都要画出断面图，并在基础平面图上用相应的剖切符号表明该断面的位置。

图 4-4 为某武警营房楼基础平面图。由图中可以看出，基础平面图的比例、轴线、及轴线尺寸与建筑平面图相同，本图采用 1∶100 的比例。基础平面图中只画基础墙、柱的截面及基础底面轮廓线（表示基坑开挖的最小宽度）。基础的可见轮廓线可省略，其具体的细部形状（如大放脚等）的可见轮廓线都省略不画，而用基础详图表示。在基础平面图中，用粗实线表示剖切到的基础墙身线，用中实线表示基础底面轮廓线，剖到的钢筋混凝土柱断面要涂黑表示。

在基础平面图中，应注明基础的大小尺寸和定位尺寸。基础的大小尺寸即基础墙的宽度、柱的外形尺寸以及基础的底面尺寸；基础的定位尺寸则是指基础墙、柱的轴线尺寸。

图中可以看出该楼主要以砖墙下条形基础为主，局部有 Z-1、Z-2 独立柱基础。外墙及大部分内墙为 240 墙，局部有 120 墙。本例中，由于地基承载力条件较好，故所有 240 墙体下部的基础形式均相同，因此不需再作其他标注。如果基础宽度、尺寸等不同，需在基础平面图的相应位置用基础代号 J1、J2 等形式表示出来，并绘制相应的基础详图。图中基础墙中涂黑的部位为构造柱。其中Ⓒ轴线墙上有一 370×240 的构造柱，其余构造柱均为 240×240。

2. 基础详图的识读

基础详图是垂直剖切的断面图，主要表明基础各组成部分的具体形状、大小、材料及基础埋深等，通常用断面图表示，并与基础平面图中被剖切的相应代号及剖切符号一致。

(1) 条形基础详图的识读

图 4-5 是某武警营房楼条形基础详图。图中绘制的是条形基础详图，(*a*) 图为 240 墙下基础。地圈梁顶标高为－0.050，基础底面标高－3.000，下面有 100mm 厚 C15 混凝土垫层，地圈梁截面尺寸为 370mm×240mm，内配 8 根直径 12mm 的 HRB400 纵向钢筋，箍筋为直径 6mm 的 HPB235 钢筋，间距 200mm。地圈梁下的基础墙厚 370mm，基础墙

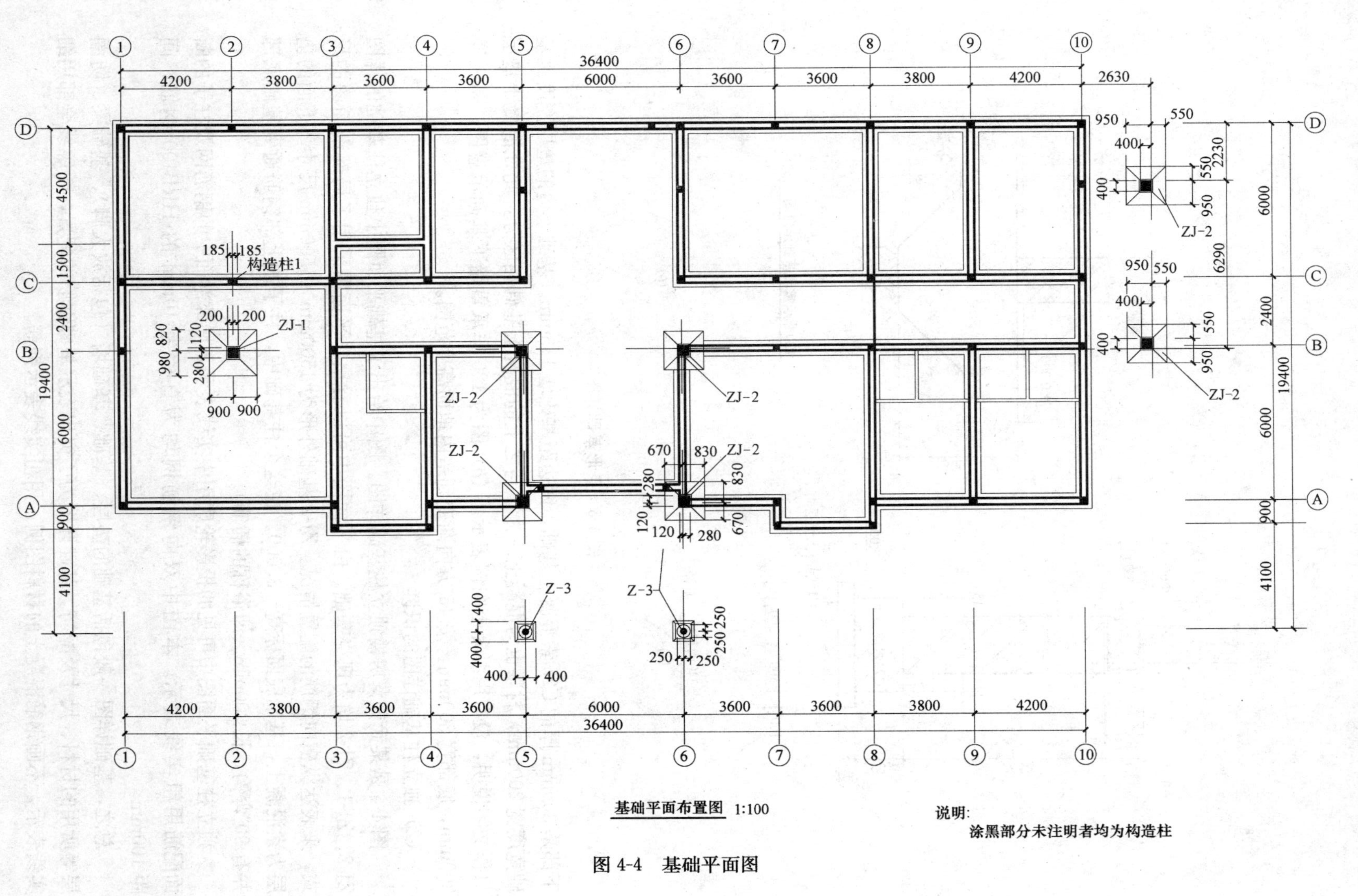

图 4-4　基础平面图

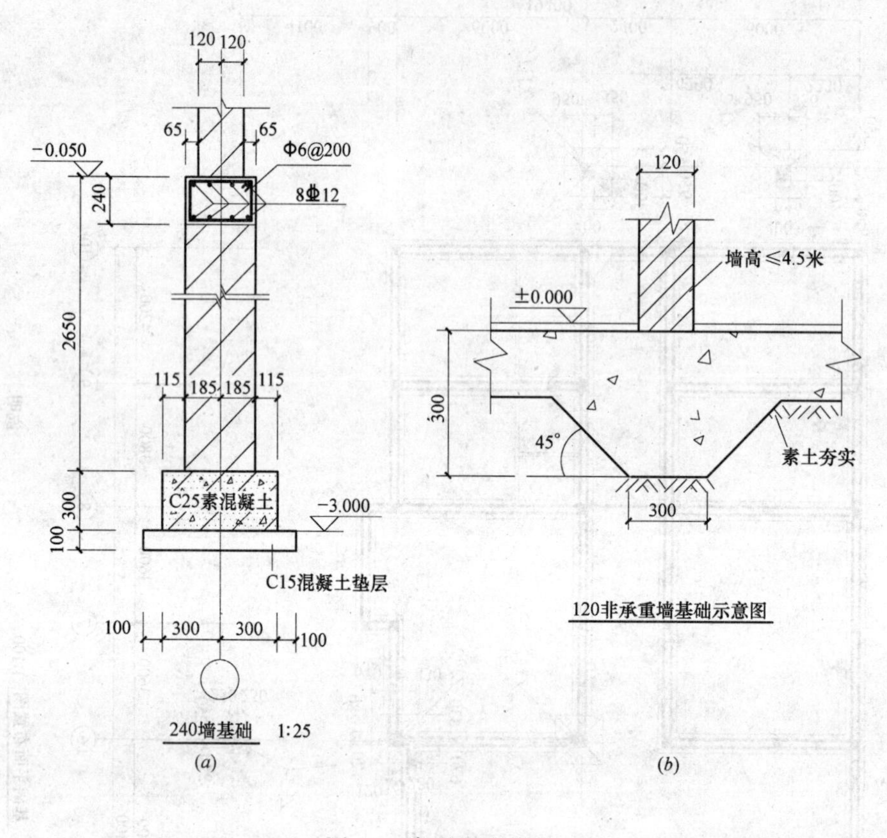

图 4-5　条形基础详图

下部是 300mm 厚的 C25 素混凝土基础，两边距基础墙 115mm。基础下边的垫层宽度比基础宽度宽 200mm，材料也为混凝土。为了与之上的混凝土基础相区分，此处混凝土垫层只作文字说明，没有用混凝土图例表示。(*b*) 图为 120 非承重墙下基础示意图。基础厚 300mm，底部宽 300mm，按 45°方向渐变到室内地面高度范围。

(2) 独立柱基础详图的识读

图 4-6 是某武警营房楼独立柱基础详图。图中给出了基础平面图中独立柱基础的详图 ZJ-2。ZJ-1、ZJ-2 均为现浇基础。由平面图中可以看出，平面图采用了局部剖面图的形式，来表达纵横向钢筋的配置情况。ZJ-2 基础外形为 1500mm×1500mm 尺寸，下面的垫层为素混凝土，基础底面标高－3.000。在这个柱基础中，柱子的上部钢筋通到基础底部并有 90°弯钩，长 300mm（即俗称的插筋）。

独立柱基础平面图中可见的投影轮廓用中实线表示，局部剖面中的钢筋网及柱子的断面配筋用粗实线表示。本图中双向钢筋网均为直径为 10mm 的 HRB400 钢筋，间距 100mm。

总之，基础详图一般包括基础的垫层、基础、基础墙（包括放大脚）、基础梁、防潮层等所用的材料、尺寸及配筋。基础详图为了突出表示基础钢筋的配置，轮廓线全部用细实线表示，不画钢筋混凝土的材料图例，用粗实线表示钢筋。

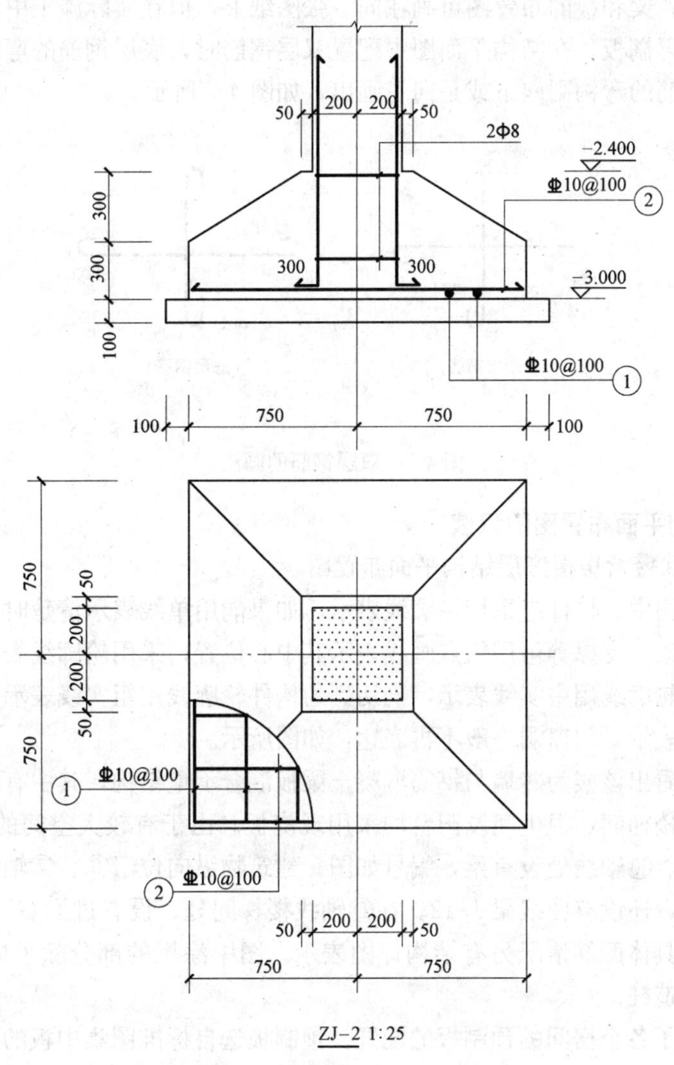

图 4-6 独立柱基础详图

4.3 楼层结构平面图及其识读

4.3.1 结构平面布置图的形成与表达

楼层（屋面）结构平面布置图主要表示板、梁、墙等的布置情况，是沿楼面（或屋面）将建筑物水平剖切后所得的楼面（或屋面）的投影。它反映出每层楼面（或屋面）上板、梁及楼面（或屋面）下层的门窗过梁布置以及现浇楼面（或屋面）板的构造及配筋情况。若是预制板则反映板的选型、排列、数量等。它是施工时布置或是安放各层承重构件的依据。

结构平面布置图的内容除了包括墙、梁、柱等构件外，还包括某些构件的局部剖面图、断面图、构件统计表及文字说明。结构平面布置图上标注的尺寸较简单，仅标注与建筑平面相同的轴线编号和轴线尺寸、总尺寸、一些次要构件的定位尺寸及结构标高。

一般情况下，梁和板的布置图可画在同一张图纸上，但在实际施工中，是将梁全部搁置和浇筑完后，再搁板。在结构平面图中配置双层钢筋时，底层钢筋的弯钩应向上或是向左画出，顶层钢筋的弯钩则向下或是向右画出，如图 4-7 所示。

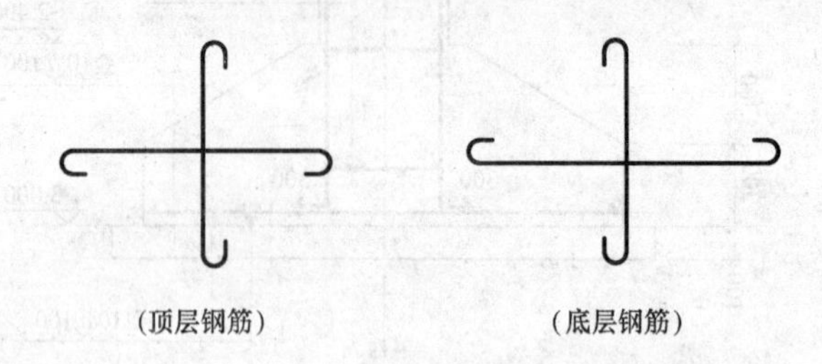

图 4-7　双层钢筋的画法

4.3.2　结构平面布置图的识读

图 4-8 是某武警营房楼三层结构平面布置图。

在结构平面图中，构件应采用轮廓线表示，如果能用单线表示清楚时，也可以用单线表示，如梁、屋架、支撑等可用粗点画线表示其中心位置；采用轮廓线表示时，可见的钢筋混凝土楼板的轮廓线用中实线表示，剖切到的构件轮廓线用粗实线表示，不可见的构件的轮廓用中虚线表示，门窗洞一般不再表达，如图所示。

从图中可以看出该楼为砖墙与钢筋混凝土梁板混合承重结构，其中有现浇和预制楼板两种板的形式。楼梯间、卫生间及阳台均采用现浇板。由于有较大空间的房间，故在②、③、⑥、⑦、⑧、⑩轴线处设有梁，编号如图；建筑物纵向位于⑥、⑦轴线间除了有梯梁与普通直线梁外，还设有曲线梁 *L*-12。在Ⓓ轴线楼梯间处，设有过梁 *GL*-2，用粗点画线绘制。这些梁的具体配筋情况另有结构详图表示。图中涂黑的部分除了标注的 *Z*-1、*Z*-2 外，其余均为构造柱。

图中还绘出了各个房间的预制板的配置。预制板选自标准图集中板的类型。如①～②轴线与Ⓐ～Ⓑ轴线间的房间，选用 8 块预应力钢筋混凝土空心板，设计荷载等级 3 级，板长 4200mm（实际板长 L＝4180mm），板宽 600mm，有垫层。板的类型、尺寸和数量代号说明如下：

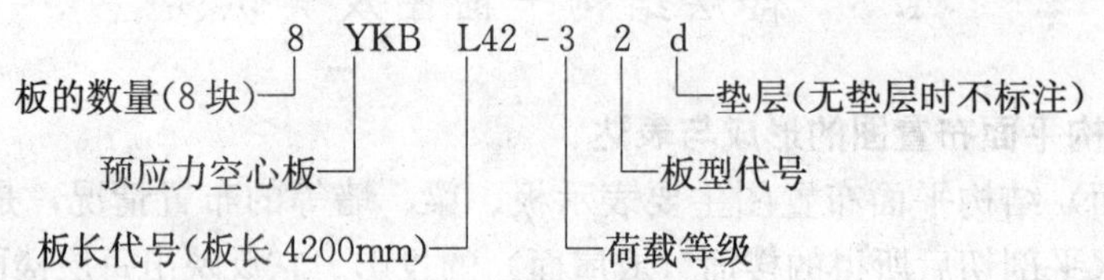

板长代号用板的标志长度（mm）的前面两位数表示，如标志长度为 4200mm 板的板长代号为 42。板的实际长度 L＝4180mm，注写在代号的下方。荷载等级共分 8 级，分别表示 1.0、2.0、3.0、4.0、5.0、6.0、7.0、8.0（单位 kN/m^2）的活荷载。当板厚为 120mm 时，板型代号用 1、2、3、4 表示，其标志宽度（mm）分别为 500、600、900、1200mm；当板厚为 180mm 时，板型代号用 5、6、7 表示，其标志宽度分别为 600、900、1200mm。垫层 d 表示在预应力空心板上做垫层，以增加楼面的整体性和防水性。

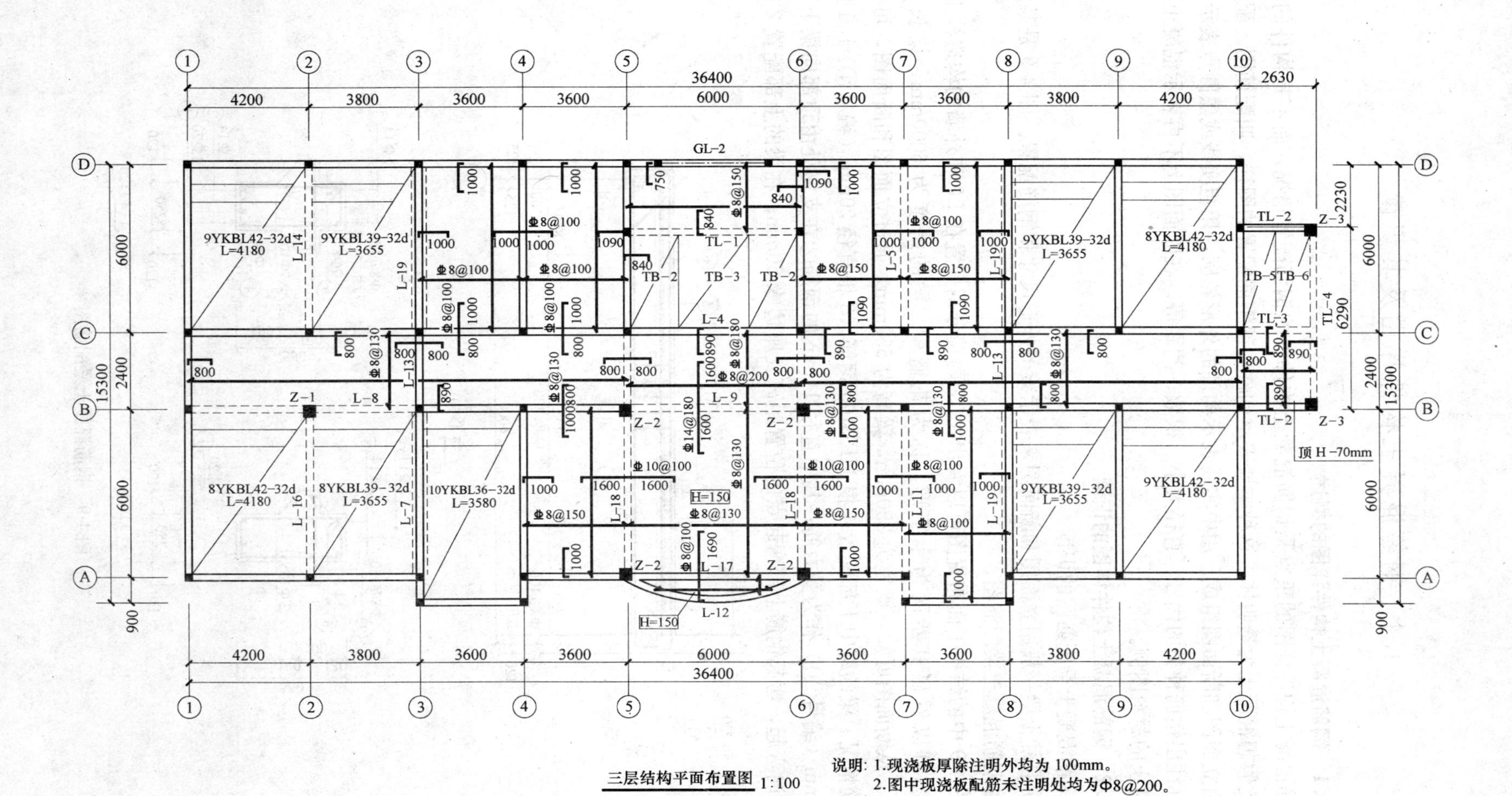

三层结构平面布置图 1:100

说明：1.现浇板厚除注明外均为 100mm。
2.图中现浇板配筋未注明处均为Φ8@200。

图 4-8 楼层结构布置图（三层结构平面布置图）

4.4 钢筋混凝土构件详图及其识读

4.4.1 钢筋混凝土构件详图的概述

钢筋混凝土构件详图的重点是钢筋混凝土构件中的钢筋配置情况，而不是构件的形状。因此假想混凝土为透明体。这种主要表示构件内部钢筋配置的图样，叫配筋图。配筋图一般由立面图和断面图组成。用中实线表示构件的外形轮廓，用粗实线或黑圆点表示钢筋，并标注出钢筋种类的代号、直径大小、根数、间距等。在断面图上不再表示混凝土或钢筋混凝土的材料图例。

4.4.2 钢筋混凝土构件详图的识读

1. 钢筋混凝土梁配筋图的识读

钢筋混凝土梁一般用立面图和断面图来表示梁的外形尺寸和钢筋配置。图 4-9 是某武警营房楼钢筋混凝土梁配筋图。

从图 4-9 中的结构平面布置图可以看出，*L*7 两端分别搁置在 *L*8 和外墙的构造柱上，由断面图可以看出其断面为十字形，称为花篮梁。梁的跨度为 6000mm，梁长为 5755mm。从断面图可知，梁宽为 250mm，梁高为 550mm。通过立面图和断面图，可知梁的配筋情况。梁的跨中下部配置 4 根 HRB400 钢筋（3 根直径 20mm（编号①）+ 1 根直径 14mm（编号②））作为受力筋；其中直径 14mm 的钢筋②在支座处由顶部向梁下部按 45°方向弯起，弯起钢筋上部弯起点的位置距离支座边缘 50mm；在梁的上部配置 2 根

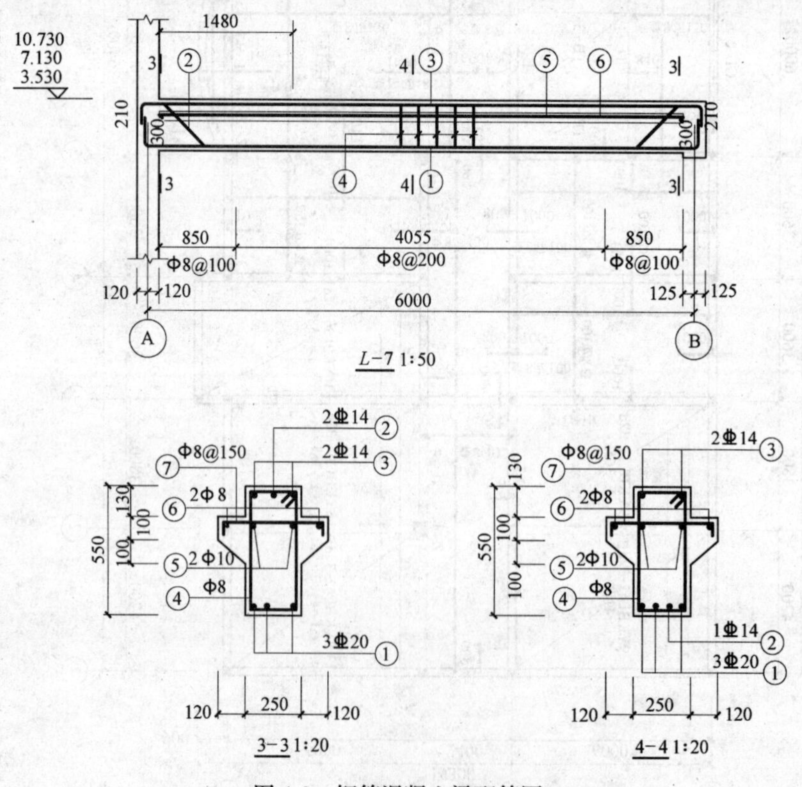

图 4-9 钢筋混凝土梁配筋图

直径 14mm 的 HRB400 钢筋编号③，作为受力筋；箍筋采用直径 8mm 的 HPB235 钢筋，编号④，间距 200mm 在梁中长度为 4055 mm 的区域内均匀分布，两端靠近支座 850mm 范围内加密，间距变为 100mm。立面图箍筋采用简化画法，只画出三至四道箍筋，注明了箍筋的直径和间距。另外在立面图上还标注了梁顶的标高 3.530，其中 3.530 之上的数字 7.130 和 10.730 分别表示在这两个高度上，这个梁也适用。

2. 钢筋混凝土柱的识读

柱与梁的受力情况不同，但是图示方法基本相同。图 4-10 是某武警营房楼钢筋混凝土柱配筋图。从基础平面图中可以看出，本例所选 *Z*3 为室外雨篷柱，且柱身为圆形。柱子通长配置 12 根直径 14mm 的 HRB400 钢筋，均匀排列一周。箍筋为直径 8mm 的 HPB235 钢筋，在两端箍筋加密，间距 100mm，中间部分间距 200mm。

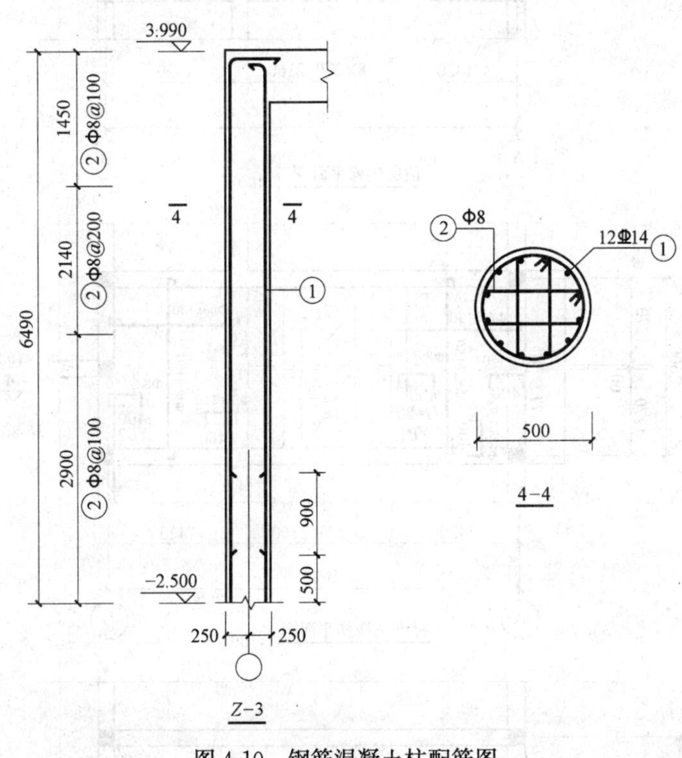

图 4-10　钢筋混凝土柱配筋图

4.5　楼梯结构图及其识读

4.5.1　楼梯结构详图的概述

楼梯结构详图包括楼梯结构平面图、楼梯剖面图和楼梯结构配筋图。

楼梯结构平面图主要表示楼梯类型、尺寸、结构及梯段在水平投影的位置、编号、休息平台板配筋和标高。对各承重构件，如楼梯梁（*TL*）、梯段板（*TB*）、平台板等的表示方法和尺寸标注与楼层结构平面相同，梯段的长度标注仍采用“（踏步级数－1）×踏面宽＝梯段长”的方式。楼梯结构平面图的轴线编号与建筑施工图一致，剖切符号一般只在底层楼梯结构平面图中表示。楼梯结构剖面图表示楼梯的承重构件竖向布置、构造和连接情况，比例与结构平面图相同。楼梯结构配筋图表达楼梯板和楼梯梁的配筋情况。

4.5.2 楼梯结构图的识读

1. 楼梯结构平面图的识读

图 4-11 是某武警营房楼楼梯结构平面图。图中所示的楼梯结构平面图共有 3 个，分

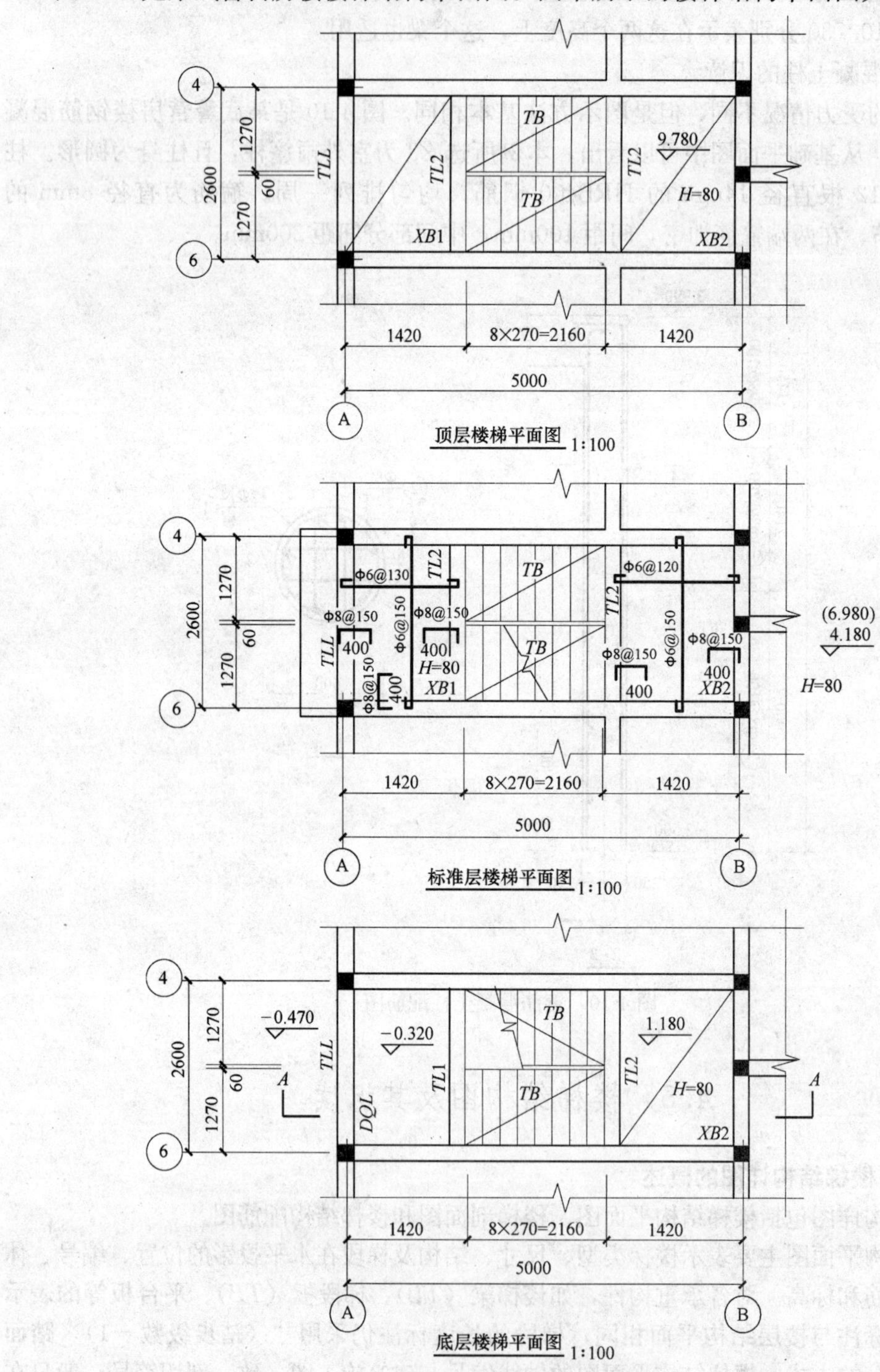

图 4-11 楼梯结构平面图

别是底层平面、标准层平面和顶层平面，比例均为 1∶100。此楼梯位于轴线Ⓐ～Ⓑ和④～⑥间。楼梯平台板、楼梯梁和梯段板都为现浇，图中画出了现浇板内的配筋，梯段板和楼梯梁另有详图画出，因此在平面图上只注明代号和编号。从图上可看出，梯段板只有一种，代号 *TB*，长 2160mm，宽 1270mm；楼梯梁有两种 *TL*1 和 *TL*2；每层有楼梯连梁 *TLL*；底层有地圈梁 *DQL*。*XB*1、*XB*2 分别为两个现浇休息平台板的编号，在标准层楼梯平面图上相应的位置，把 *XB*1、*XB*2 的配筋情况均已图示出，故不需另绘板的配筋图。从图中可以看到，每层楼面的结构标高均注明，并标注现浇板的厚度 H=80mm。

2. 楼梯结构剖面图的识读

图 4-12 是某宿舍楼楼梯结构剖面图。图中所示 *A-A* 剖面图的剖切符号表示在底层楼梯结构平面图中。表示了剖到的梯段板、楼梯平台、楼梯梁和未剖到的可见梯段板的形状

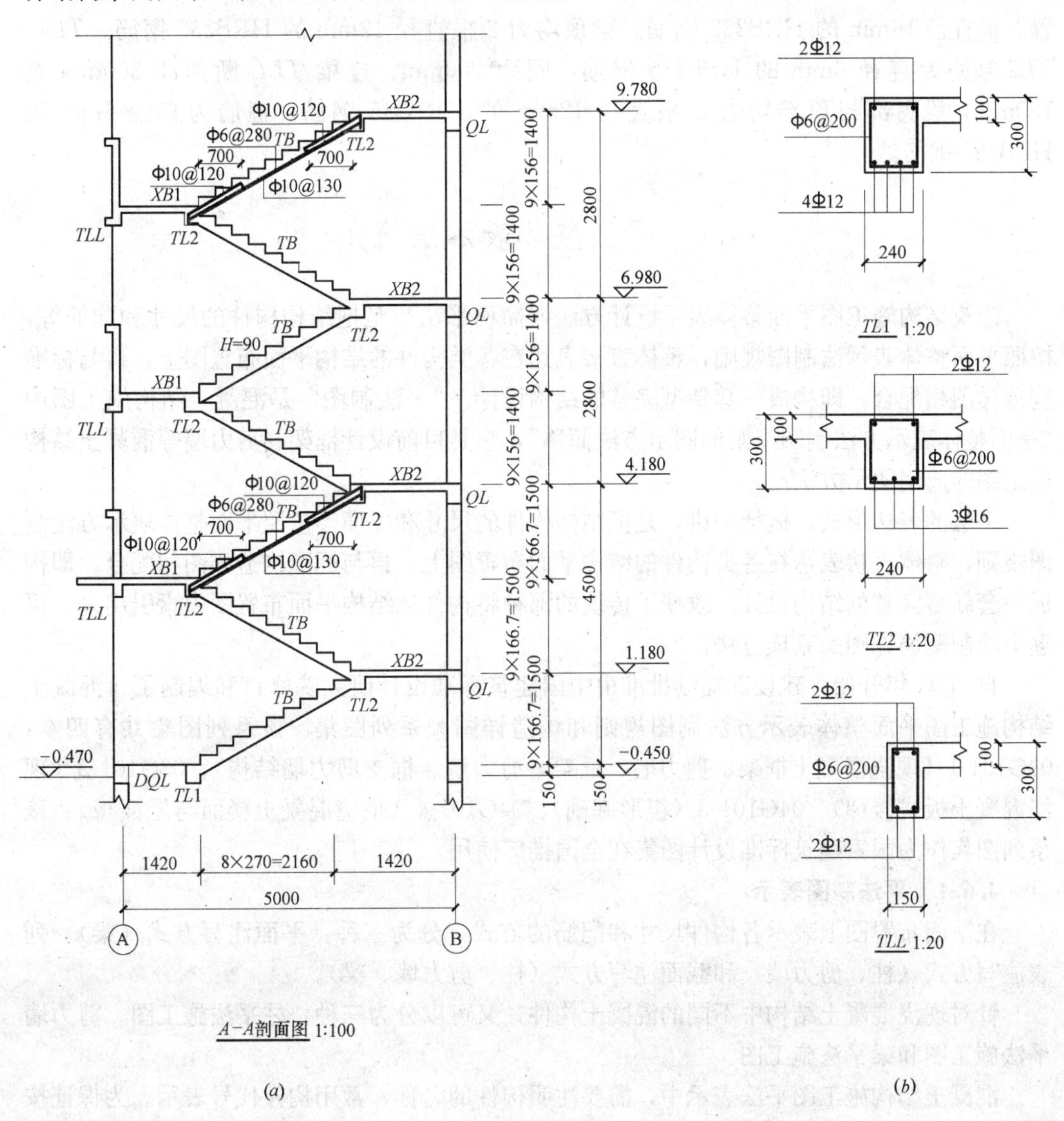

图 4-12　楼梯结构剖面图

以及连接情况。图线与建筑剖面图相同，剖到的梯段板不再涂黑表示。此图中把梯段板的配筋图直接表示在剖面图中。另外在图中还标注出梯段外形尺寸、楼层高度（2800mm）、楼体平台结构标高（－0.470、1.180、4.180等）。

3. 楼梯结构配筋图的识读

本例中楼梯的配筋图与楼梯结构剖面图绘在一起，如图4-12。*TB*厚90mm，板底受力筋布置直径为10mm的HPB235钢筋，间距130mm；支座处板顶与板底受力筋均为直径10mm的HPB235钢筋，间距120mm；板中的分布筋直径为6mm的HPB235钢筋，间距280mm。

图4-12（*b*）为*TL*及*TLL*的断面图，比例为1∶20。梁*TL*1与*TL*2断面都为高300mm宽240mm。其中*TL*1梁底配置4根直径12mm的HRB235级钢筋，*TL*2梁底配置3根直径16mm的HRB235钢筋。梁顶均为2根直径12mm的HRB235钢筋。*TL*1、*TL*2箍筋为直径6mm的HPB235钢筋，间距200mm。连梁*TLL*断面高300mm宽150mm，梁底部与顶部均为2根直径12mm的HRB235钢筋，箍筋为直径6mm的HPB235钢筋。

4.6 平面整体表示法简介

建筑结构施工图平面整体表示设计方法（简称平法）是把结构构件的尺寸和配筋等，按照平面整体表示法制图规则，整体直接表达在各类构件的结构平面布置图上，再与标准构造详图相配合，即构成一套新型完整的结构设计。“平法制图”是混凝土结构施工图中“平面整体表示方法制图规则的图示方法简称”。它是目前设计框架、剪力墙等混凝土结构施工图的通用图示方法。

平法的表达形式，概括来讲，是把结构构件的尺寸和配筋等按照平面整体表示方法制图规则，整体直接表达在各类构件的结构平面布置图上，再与标准构造详图相配合，即构成一套新型完整的结构设计。改变了传统的那种将构件从结构平面布置图中索引出来，再逐个绘制配筋详图的繁琐方法。

自2003年开始，建设部陆续批准由中国建筑标准设计研究院修订和编制了《混凝土结构施工图平面整体表示方法制图规则和构造详图》系列图集。该系列图集共有四本：03G101-1（现浇混凝土框架、剪力墙、框架—剪力墙、框支剪力墙结构）、03G101-2（现浇混凝土板式楼梯）、04G101-3（筏形基础）、04G101-4（现浇混凝土楼面与屋面板）。该系列图集作为国家建筑标准设计图集在全国推广使用。

4.6.1 平法制图表示

在平面布置图上表示各构件尺寸和配筋的方式，分为三种：平面注写方式（梁）、列表注写方式（柱、剪力墙）和截面注写方式（柱、剪力墙、梁）。

针对现浇混凝土结构中不同的混凝土构件，又可以分为三种：柱平法施工图、剪力墙平法施工图和梁平法施工图。

混凝土结构施工图平法表示中，需要注明构件的名称，常用构件代号表示。为保证按平法设计绘制的结构施工图实现全国统一，确保设计、施工质量，在该图集中规定了常用结构构件代号的表达方法。常用平法设计的构件代号见表4-5。

常用平法设计的构件代号 **表 4-5**

构件代号及名称	构件代号及名称
KZ——框架柱	*KL*——楼层框架梁
KZZ——框支柱	*MKL*——屋面框架梁
XZ——芯柱	*KZL*——框支梁
LZ——梁上柱	*L*——非框架梁
QZ——剪力墙上柱	*XL*——悬挑梁
YDZ——约束边缘端柱	*JSL*——井式梁
YAZ——约束边缘暗柱	*LL*——连梁(无交叉暗撑、钢筋)
YYZ——约束边缘翼墙柱	*LL*(*JA*)——连梁(存交叉暗撑)
YJZ——约束边缘转角墙柱	*LL*(*JG*)——连梁(有交叉钢筋)
GDZ——构造边缘端柱	*JD*——矩形洞口
GAZ——构造边缘暗柱	*YD*——圆形洞口
GYZ——构造边缘翼墙柱	
GJZ——构造边缘转角墙柱	
AZ——非边缘暗柱	
FBZ——扶壁柱	

4.6.2 梁平法施工图

传统表达方法绘制梁的配筋图时，一般需要画出梁的立面图和断面图。这需要在立面图中标注断面的剖切位置，索引出来另行绘制断面，这样的表达方式非常繁琐。而采用平面注写方式表达时，则不需要绘制断面图和断面的剖切符号。

梁平法施工图有两种表达方式：平面注写方式和截面注写方式。

1. 平面注写方式

绘制梁平法施工图时，应首先将梁进行编号。见表 4-6。

梁编号 **表 4-6**

梁 类 型	代号	序号	跨数及是否带有悬挑
楼层框架梁	KL	*XX*	(*XX*)、(*XX*A)或(*XXB*)
屋面框架梁	WKL	*XX*	(*XX*)、(*XX*A)或(*XXB*)
框支梁	KZL	*XX*	(*XX*)、(*XX*A)或(*XXB*)
非框架梁	L	*XX*	(*XX*)、(*XX*A)或(*XXB*)
悬挑梁	XL	*XX*	
井字梁	JZL	*XX*	(*XX*)、(*XX*A)或(*XXB*)

注：*XX*A 表示一端有悬挑，*XXB* 为两端有悬挑，悬挑不计人跨数。

所谓平面注写方式，是指在梁的平面布置图上，分别在不同编号的梁中各选一根梁，在其上注写截面尺寸和配筋的具体数值的表达方式。平面注写包括集中标注和原位标注，集中标注表达梁的通用数值，原位标注表达梁的特殊数值。在集中标注中的某项数值不适于梁的某部位时，则将该数值原位标注，施工时，原位标注取值优先。图 4-13 为原位注写与集中注写示例。

(1) 梁集中标注的内容及规定

1) 梁编号：应按表 4-6 的规定标注，如 *KL*2 (2*A*) 表示第 2 号框架梁、2 跨，一端有悬挑。

2) 梁的截面尺寸：当梁为等截面时，用 $b\times h$ 表示，如 300×700 表示梁的宽度为 300mm，高度为 700mm。当为加腋梁时，用 $b\times h$ $YC_1\times C_2$ 表示，其中 C_1 为腋长，C_2 为腋高。当有悬挑梁且根部和端部的高度不同时，用斜线分隔根部与端部的高度值，即

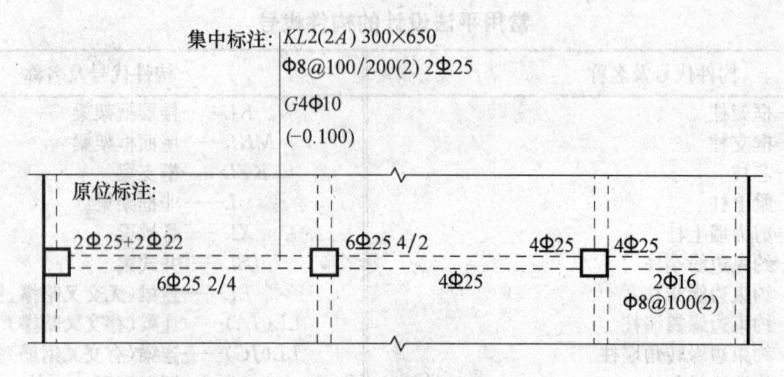

图 4-13 原位注写与集中注写示例

$b\times h_1/h_2$。加腋梁截面尺寸注写如图 4-14 所示。

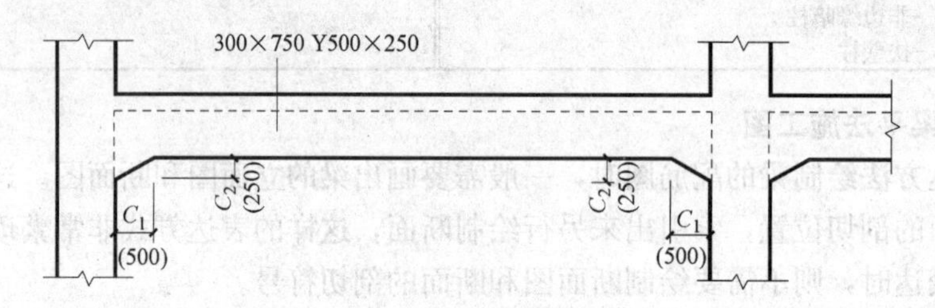

图 4-14 腋梁截面尺寸注写示例

3）梁箍筋：包括钢筋级别、直径、加密区与非加密区间距及肢数。箍筋加密区与非加密区的不同间距及肢数需用斜线“/”分隔，当梁箍筋为一种间距及肢数时，则不需要用斜线“/”分隔；当加密区与非加密区的箍筋肢数相同时，肢数只注写一次，否则应分别注明，箍筋肢数注写在括号内。如Φ10@100/200（4），表示箍筋为 HPB235 钢筋，直径为 10mm，加密区间距为 100mm，非加密区间距为 200mm，均为四肢箍；Φ8@100（4）/150（2），表示箍筋为 HPB235 钢筋，直径为 8mm，加密区间距为 100mm，四肢箍，非加密区间距为 150mm，两肢箍。

4）梁顶面标高高差的标注：梁顶面标高高差，是指相对于结构层楼面标高的高差值。有高差时，注写在括号内，无高差时不注。当梁的顶面标高高于结构层楼面标高时，高差值为正值，反之为负值。如（−0.050）表示该梁的顶面标高比结构层楼面标高低 0.050。

（2）梁原位标注的内容及规定

1）梁支座上部纵筋，包括通长筋在内的所有纵筋：当上部纵筋多于一排时，用斜线“/”将各排纵筋上下分开，上部筋在前，下部筋在后。如 6Φ25 4/2，表示上排纵筋为 4Φ25，下排纵筋为 2Φ25。当同排纵筋有两种直径时，用加号“＋”将两种直径的纵筋相连，注写时将角部纵筋放在前面。如 2Φ25＋2Φ22 表示梁支座上部有四根纵筋，2Φ25 放在角部，2Φ22 放在中部。当梁中间支座两边的上部纵筋不同时，必须在支座两边分别标注，如果两边相同，可只在一边标注。

2）梁下部纵筋：当下部纵筋多于一排时，用斜线“/”将各排纵筋上下分开，上排的纵筋在前，下排的纵筋在后。如 6Φ25 2/4 表示上排纵筋为 2Φ25，下排纵筋为 4Φ25，全部伸入支座。当同排纵筋有两种直径时，用加号“＋”将两种直径的纵筋相连，注写时角部纵筋放在前面。当梁下部纵筋不全部伸入支座时，将梁支座下部纵筋减少的数量注写在括号内。如 6Φ25 2（—2）/4 表示上排纵筋为 2Φ25，不伸入支座；下排纵筋为 4Φ25，全部伸入支座。如果在梁的集中标注中已经注写了下部通长筋，则在此不需要重复标注。

当梁的集中标注的内容不适用于某部位时，可在该部位作原位标注，施工时，原位标注取值优先。

2. 截面注写方式

截面注写方式的内容及规定截面注写方式，是指在标准层绘制的梁平面布置图上，分别在不同的编号的梁中各选择一根梁，用“单边截面号”引出配筋图，并在其上注写截面尺寸和具体配筋数值的方法。截面注写方式既可以单独使用，也可以与平面注写方式结合使用。当表达异形截面梁的尺寸和配筋时，用截面注写方式表达较方便。用截面注写方式标注时，在配筋详图上应注写截面尺寸、上部筋、下部筋、侧面构造筋及受扭筋、箍筋的具体数值，注写方式与平面注写方式相同。当某梁的顶面标高与结构层的楼面标高不同时，应在梁的编号后面注写梁顶面标高高差。截面注写方式见图 4-15。

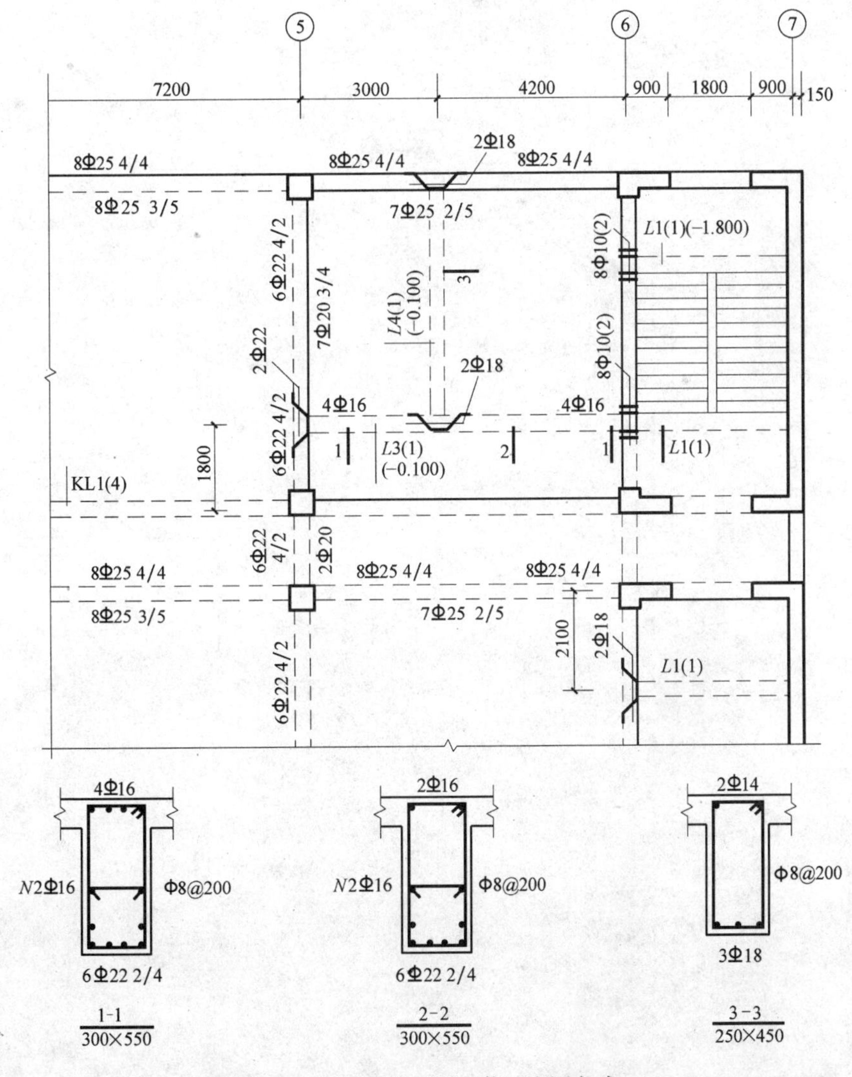

图 4-15　梁平法施工图（截面注写方式）

复习思考题

1. 结构施工图通常包括哪些图纸？

2. 写出梁、柱、预制钢筋混凝土空心板、楼梯板，过梁、雨篷、圈梁、框架等结构构件代号。

3. 独立柱基础的图示特点、图示内容及识读方法是怎样的？

4. 楼层结构平面图表示哪些内容？

5. 说明钢筋混凝土梁、柱、板内配筋的组成、作用及其配筋图的识读方法。

6. 楼梯结构施工图的组成及图示内容如何？

7. 在钢筋混凝土结构构件平面布置图上表示各构件尺寸和配筋的方式有哪几种？每一种方式适合的构件种类是什么？

主要参考文献

［1］ 张岩主编. 建筑工程制图. 北京：中国建筑工业出版社，2007.

［2］ 田蕴主编. 建筑识图 100 例. 北京：化学工业出版社，2006.

尊敬的读者：

感谢您选购我社图书！建工版图书按图书销售分类在卖场上架，共设22个一级分类及43个二级分类，根据图书销售分类选购建筑类图书会节省您的大量时间。现将建工版图书销售分类及与我社联系方式介绍给您，欢迎随时与我们联系。

★建工版图书销售分类表（见下表）。

★欢迎登陆中国建筑工业出版社网站www.cabp.com.cn，本网站为您提供建工版图书信息查询，网上留言、购书服务，并邀请您加入网上读者俱乐部。

★中国建筑工业出版社总编室　　电　话：010—58934845　　传　真：010—68321361

★中国建筑工业出版社发行部　　电　话：010—58933865　　传　真：010—68325420
E-mail：hbw@cabp.com.cn

建工版图书销售分类表

一级分类名称（代码）	二级分类名称（代码）	一级分类名称（代码）	二级分类名称（代码）
建筑学（A）	建筑历史与理论（A10）	园林景观（G）	园林史与园林景观理论（G10）
	建筑设计（A20）		园林景观规划与设计（G20）
	建筑技术（A30）		环境艺术设计（G30）
	建筑表现·建筑制图（A40）		园林景观施工（G40）
	建筑艺术（A50）		园林植物与应用（G50）
建筑设备·建筑材料（F）	暖通空调（F10）	城乡建设·市政工程·环境工程（B）	城镇与乡（村）建设（B10）
	建筑给水排水（F20）		道路桥梁工程（B20）
	建筑电气与建筑智能化技术（F30）		市政给水排水工程（B30）
	建筑节能·建筑防火（F40）		市政供热、供燃气工程（B40）
	建筑材料（F50）		环境工程（B50）
城市规划·城市设计（P）	城市史与城市规划理论（P10）	建筑结构与岩土工程（S）	建筑结构（S10）
	城市规划与城市设计（P20）		岩土工程（S20）
室内设计·装饰装修（D）	室内设计与表现（D10）	建筑施工·设备安装技术（C）	施工技术（C10）
	家具与装饰（D20）		设备安装技术（C20）
	装修材料与施工（D30）		工程质量与安全（C30）
建筑工程经济与管理（M）	施工管理（M10）	房地产开发管理（E）	房地产开发与经营（E10）
	工程管理（M20）		物业管理（E20）
	工程监理（M30）	辞典·连续出版物（Z）	辞典（Z10）
	工程经济与造价（M40）		连续出版物（Z20）
艺术·设计（K）	艺术（K10）	旅游·其他（Q）	旅游（Q10）
	工业设计（K20）		其他（Q20）
	平面设计（K30）	土木建筑计算机应用系列（J）	
执业资格考试用书（R）		法律法规与标准规范单行本（T）	
高校教材（V）		法律法规与标准规范汇编/大全（U）	
高职高专教材（X）		培训教材（Y）	
中职中专教材（W）		电子出版物（H）	

注：建工版图书销售分类已标注于图书封底。

高等学校土木工程专业规划教材

建筑工程制图习题集

步砚忠　主编
张晓杰　主审

中国建筑工业出版社

本习题集是《建筑工程制图》教材的配套用书。全书共分4部分，为方便教学使用，内容编排顺序与教材相同，即第1部分为制图规格与基本技能；第2部分为投影制图；第3部分为建筑施工图；第4部分为结构施工图。

本书可供高等学校建筑类土木、管理、环境工程、暖通、给水排水、热能动力、电信等专业使用，也可供相关技术人员学习参考。

前　言

本习题集与教材《建筑工程制图》配合使用，其前后顺序与教材相同，在选题时力求加强基础理论的应用并注意基本技能的训练和培养。建筑工程各相关专业可据具体情况和教学需要，在各章的习题数量上有所取舍。

本书由步砚忠主编，张岩担任副主编。具体编写分工为：山东建筑大学张岩、朱冬梅编写第1章和第2章；山东建筑大学步砚忠、岳晓蕾编写第3章；山东建筑大学史向荣编写第4章。全书由步砚忠统稿。

本书由山东建筑大学张晓杰教授主审，在此表示衷心感谢！

由于编者水平有限，书中难免存在疏漏与不足之处，真诚希望广大读者批评指正。

1-1 按照书中范例，练习书写工程字体

班级

姓名

学号

1-2 线型及材料图例

作业要求

一、目的

1. 熟悉制图基本规格（图幅、字体、线型、尺寸注法、比例、材料图例等）。
2. 正确使用制图工具和仪器，掌握基本的绘图方法。
3. 练习并掌握各种线型、材料图例的画法。

二、内容

各种线型，建筑材料图例和平面图形的尺寸注法。

三、要求

1. 图纸：白色绘图纸，3号图幅。图标格式和大小见课本。
2. 图名：线型及材料图例。
3. 比例：1∶1比例铅笔绘制所给图样。
4. 图线：粗实线宽度≈0.7mm；中粗线和虚线宽度≈0.35mm；细实线、尺寸线和点划线宽度≈0.18mm。
5. 字体：汉字用长仿宋体。各图下方的图名（如线型）用7号字；数字用斜体字，比例数字用5号字，尺寸数字用3.5号字。

图标中的校名、图名用7号字，其余汉字用5号字。

当汉字与数字连在一起书写时，汉字比数字应大一号。

6. 作图要准确，图面布置要匀称。各种图线应粗细分明，同种线型宽度应保持一致。应特别注意点划线、虚线和实线相交或相接时的画法，材料图例的间隔要均匀。书写长仿宋字时，应打好格子，数字和字母应先画好两条字高线，尽量做到整齐划一。

四、附图

本作业按第3页附图的要求进行抄绘。

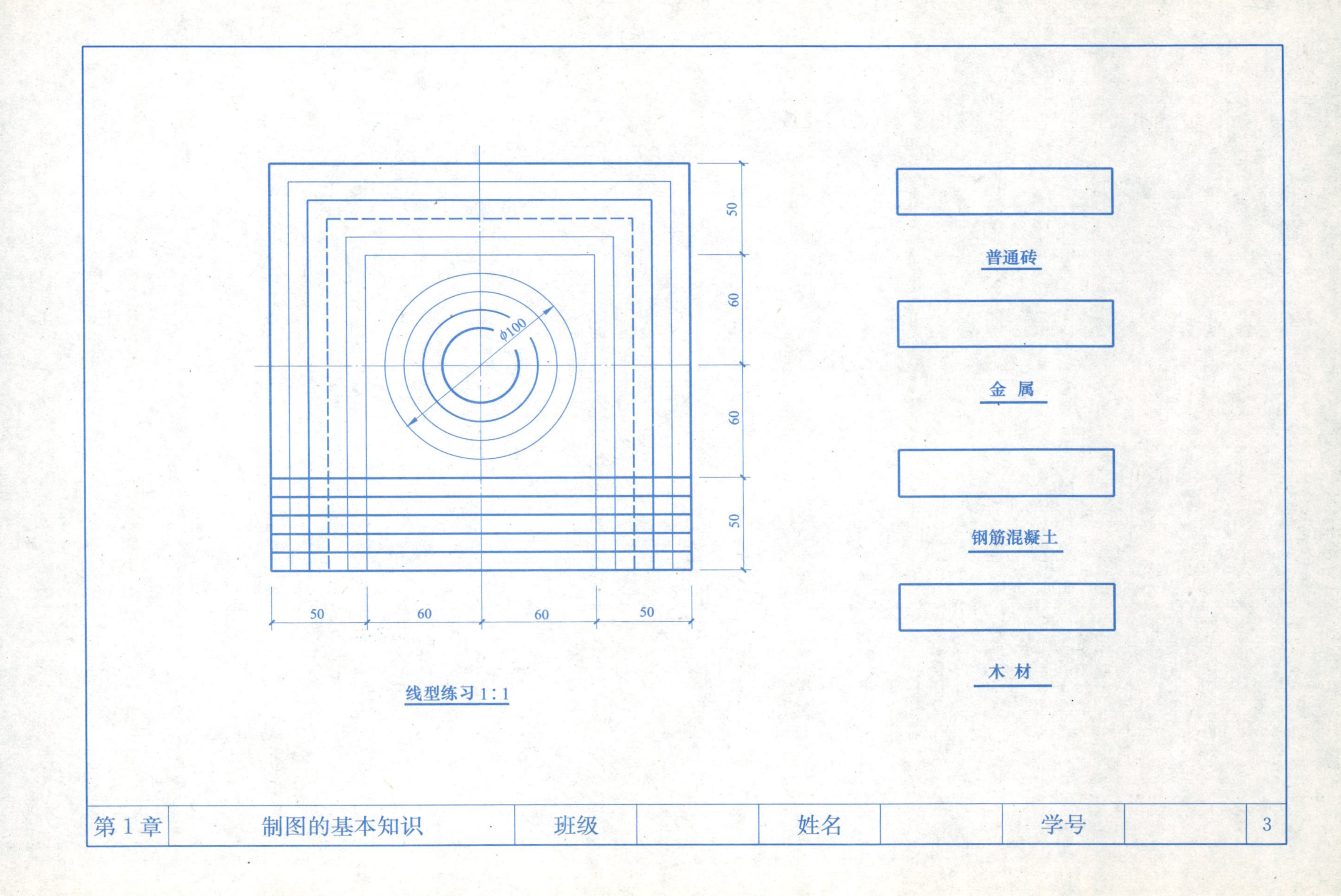

50
60
60
50
φ100
线型练习 1:1
普通砖
金 属
钢筋混凝土
木 材

1-3 几何作图。作业要求：按 1∶1 比例抄绘所给图样。作图前对圆弧连接进行分析，确定作图步骤，然后再开始绘图，其他要求同 1-2。

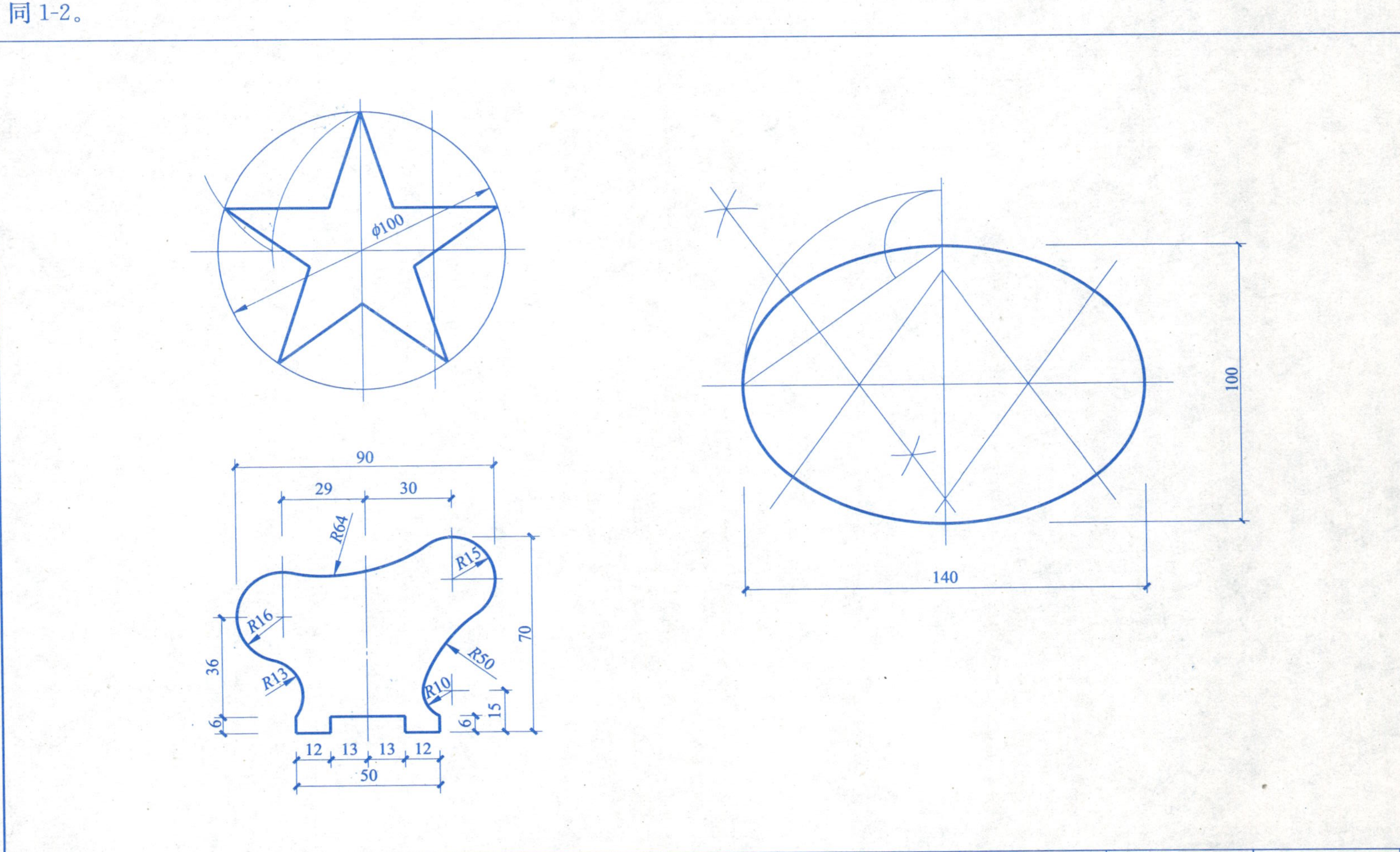

2-1 根据形体的直观图画出三面投影图（尺寸直接从图中量取）

2-2 根据形体的直观图画出三面投影图（尺寸直接从图中量取）

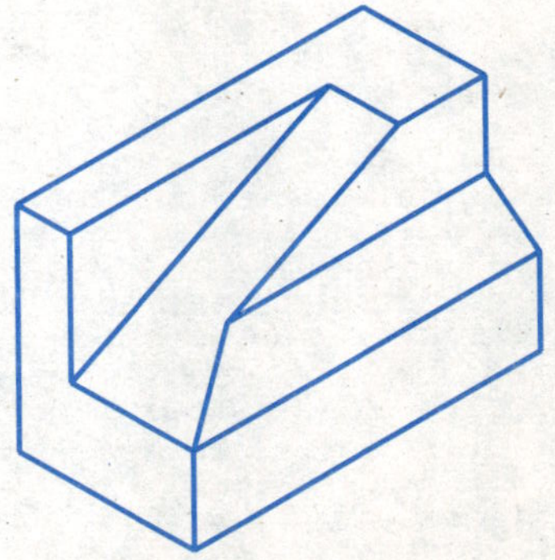

2-3　根据形体的直观图画出三面投影图（尺寸直接从图中量取）

2-4　根据形体的直观图画出三面投影图（尺寸直接从图中量取）

2-5　根据形体的直观图画出三面投影图（尺寸直接从图中量取）

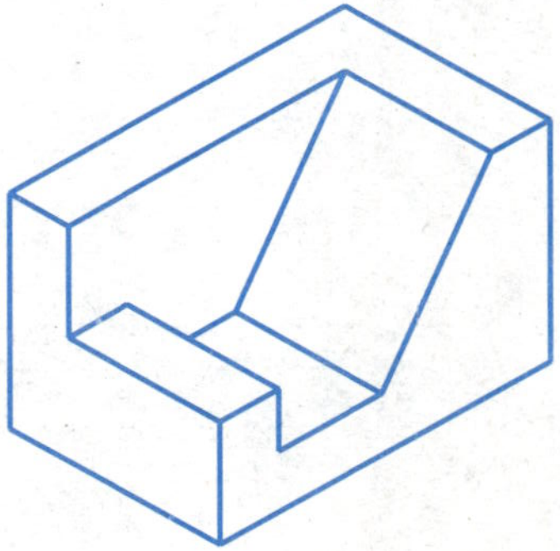

2-6　根据形体的直观图画出三面投影图（尺寸直接从图中量取）

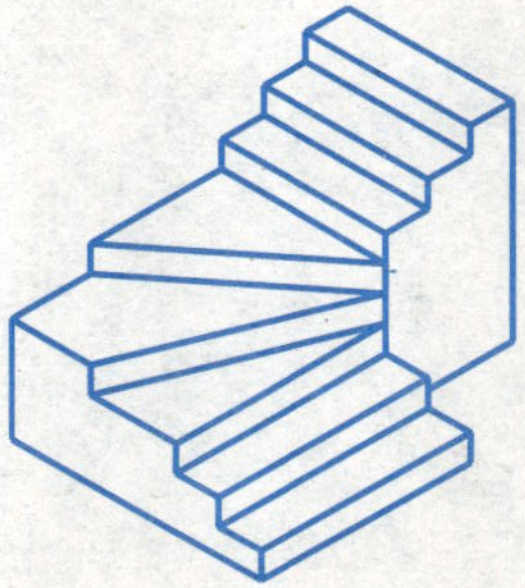

2-7　根据形体的直观图画出三面投影图（尺寸直接从图中量取）

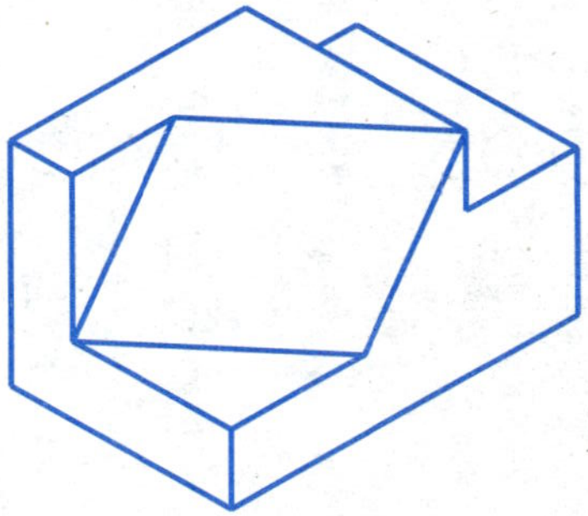

2-8　根据形体的直观图画出三面投影图（尺寸直接从图中量取）

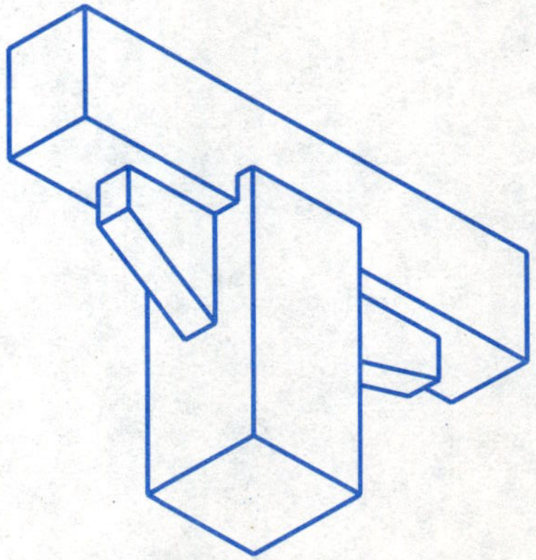

2-9　根据形体的直观图画出三面投影图，并标注尺寸（尺寸直接从图中量取，取整数，单位为 mm）

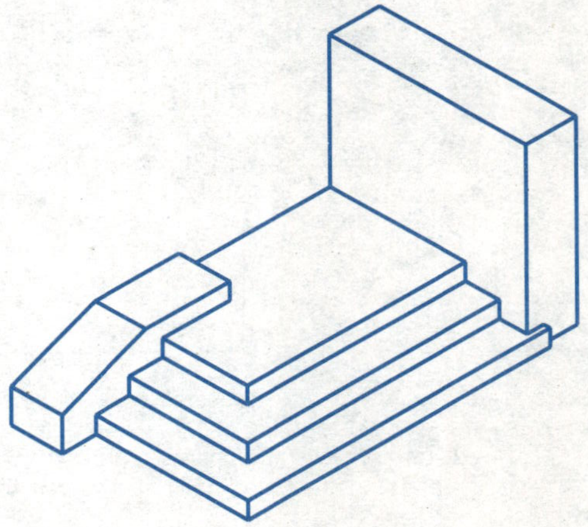

2-10 根据形体的 V、W 投影，补绘 H 投影

2-11 根据形体的 V、W 投影，补绘 H 投影

2-12　根据形体的 H、V 投影，补绘 W 投影

2-13　根据形体的 H、W 投影，补绘 V 投影

2-14　根据形体的 V、W 投影，补绘 H 投影

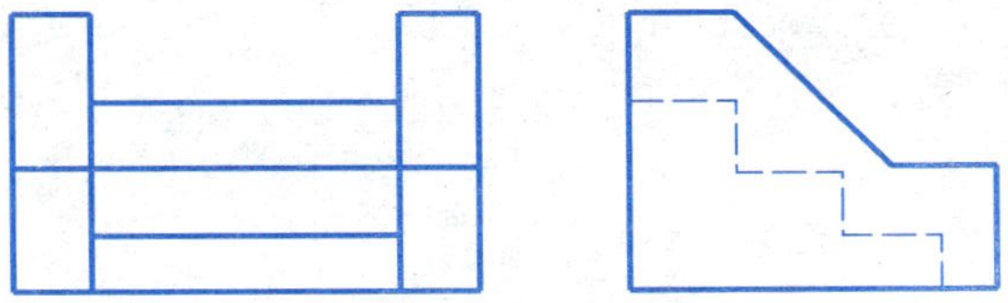

2-15　根据形体的 H、V 投影，补绘 W 投影

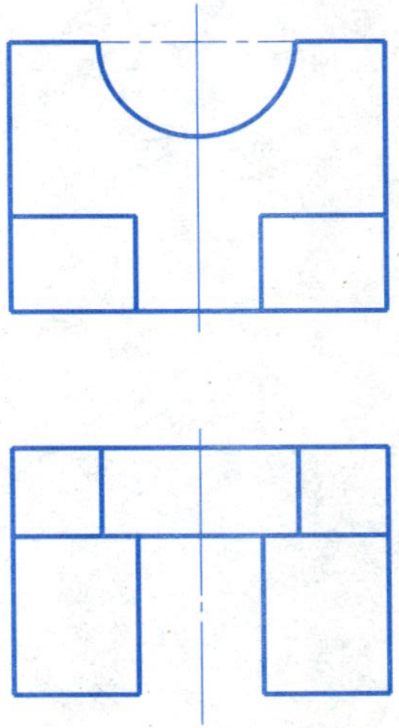

2-16　根据形体的 V、W 投影，补绘 H 投影

2-17　根据形体的 V、W 投影，补绘 H 投影

2-18　根据形体的 H、V 投影，补绘 W 投影

2-19　根据形体的 V、W 投影，补绘 H 投影

2-20　根据形体的 V、W 投影，补绘 H 投影

2-21　根据形体的 V、W 投影，补绘 H 投影

2-22 根据形体的 V、W 投影，补绘 H 投影

2-23 根据形体的 H、V 投影，补绘 W 投影

2-24 根据形体的 H、V 投影，补绘 W 投影

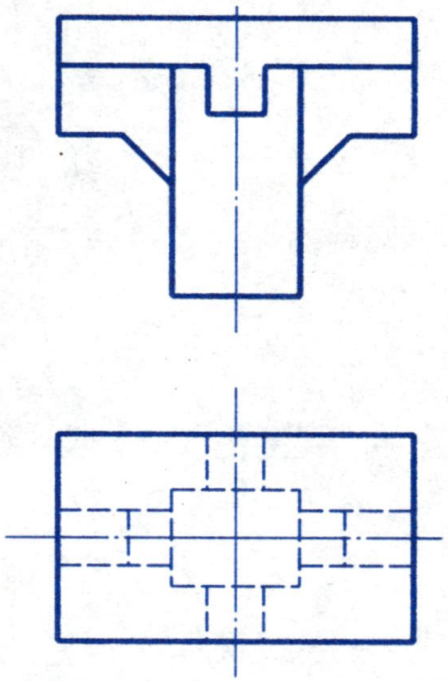

2-25 根据形体的 V、W 投影，补绘 H 投影

2-24 根据形体的H、V投影，补绘W投影

2-25 根据形体的V、W投影，补绘H投影

2-26　根据形体的 V、W 投影，补绘 H 投影

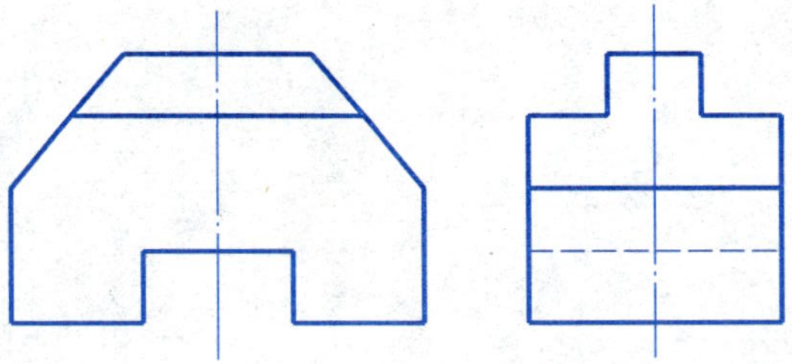

2-27　根据形体的 V、W 投影，补绘 H 投影

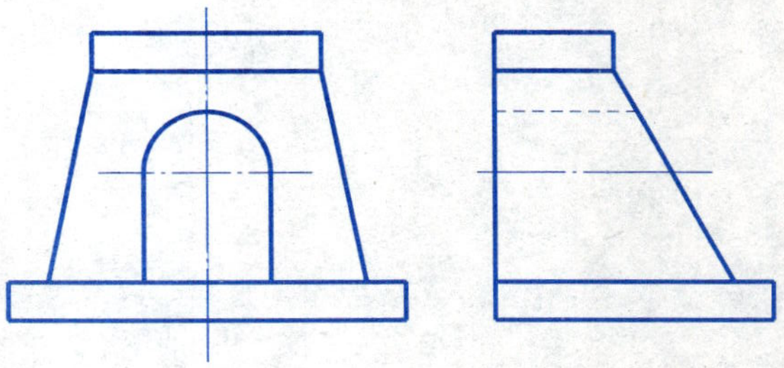

2-28　根据形体的 H、V 投影，补绘 W 投影

2-29　根据形体的 V、W 投影，补绘 H 投影

2-28　根据形体的 H、V 投影，补绘 W 投影

2-29　根据形体的 V、W 投影，补绘 H 投影

2-30 根据形体的 V、W 投影，补绘 H 投影

2-31 根据形体的 H、V 投影，补绘 W 投影

2-32 根据形体的 V、W 投影，补绘 H 投影

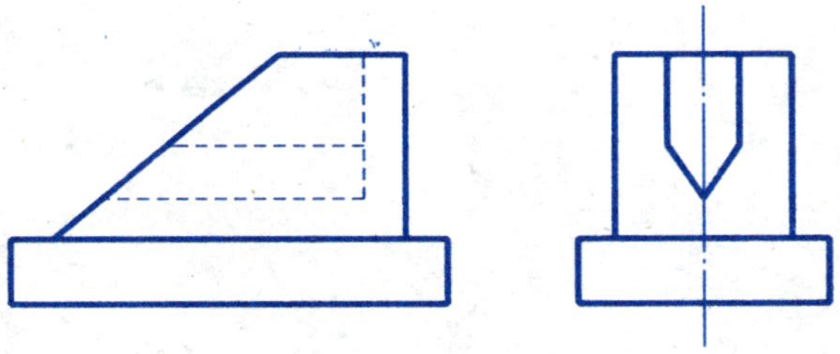

2-33 根据形体的 V、W 投影，补绘 H 投影

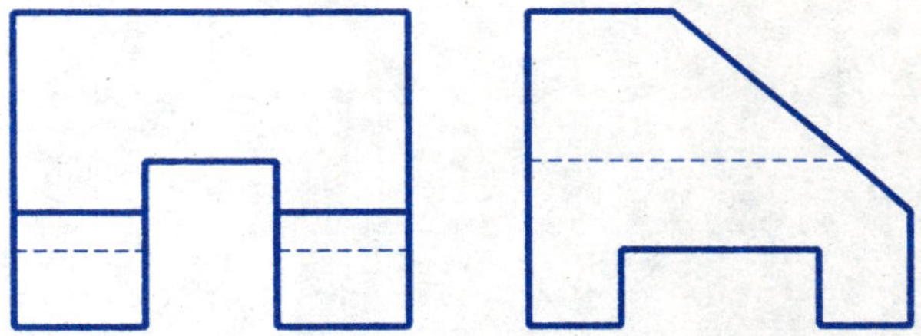

2-34 已知形体的 V、W 投影，作 1—1、2—2、3—3 剖面图

2-35 求带合适剖面的 W 投影，并将 V 投影改为适当的剖面图

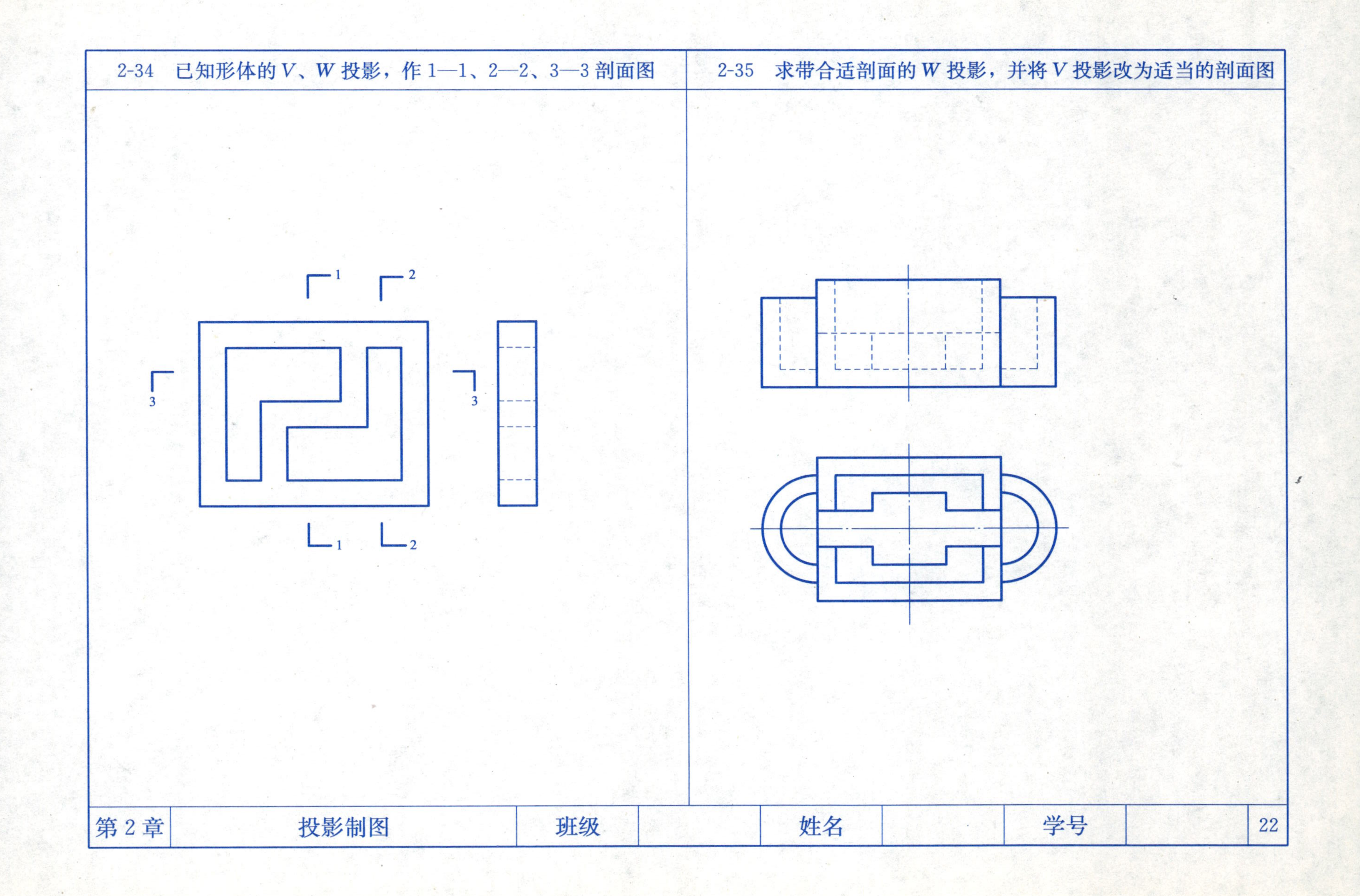

2-36　已知形体的 V 投影和 2—2 剖面图，试绘制 1—1 剖面图

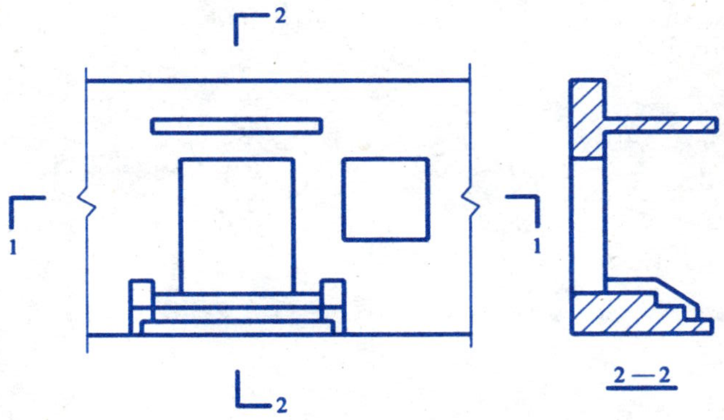

2—2

2-37　求带合适剖面的 W 投影，并将 V 投影改为适当的剖面图

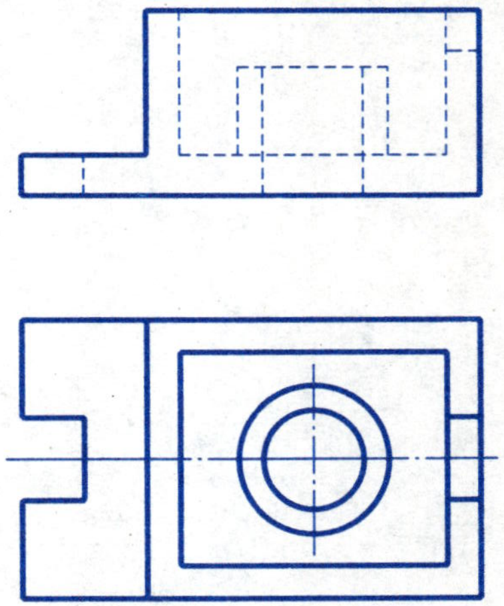

2-36 已知形体的V投影和2—2剖面图，试绘制1—1剖面图

2—2

2-37 求作合适剖面的W投影，并将V投影改为适当的剖面图

2-38　将 *V* 投影改为 1—1 剖面，并将不需要的线打“×”

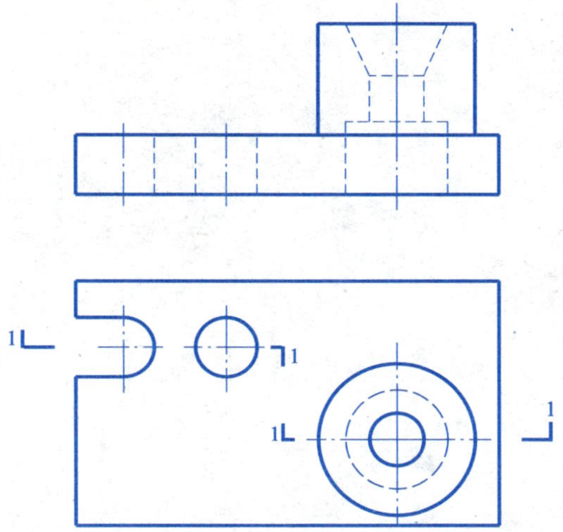

1 1 1 1

2-39　补出 *W* 面投影，并将 *V*、*W* 改为适当的剖面图

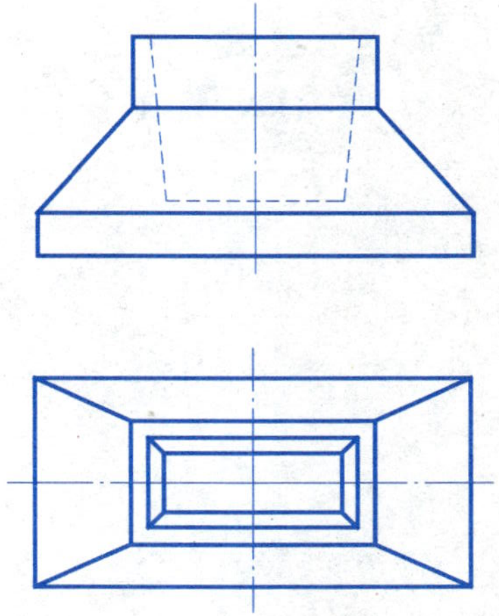

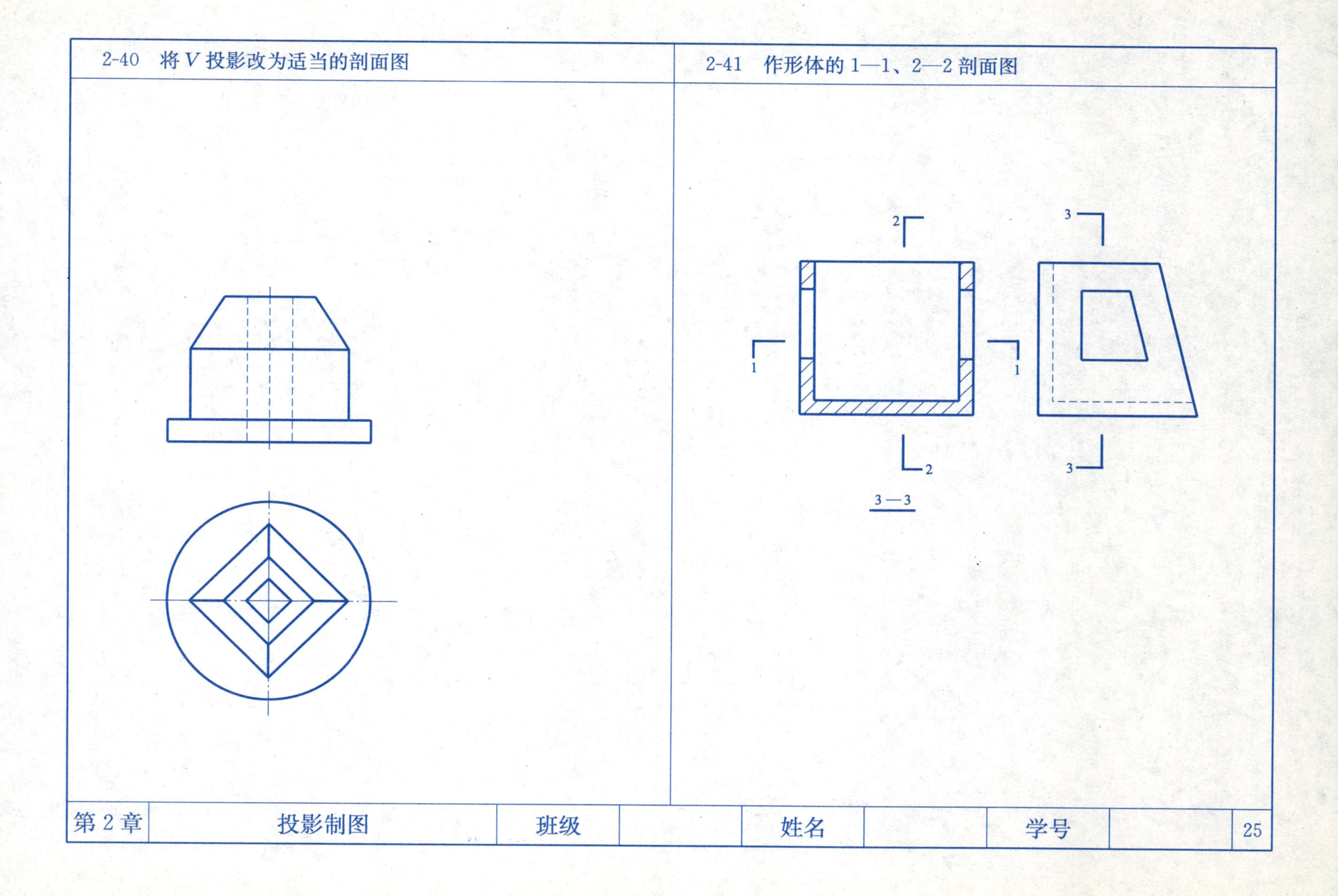
2-40 将 V 投影改为适当的剖面图
2-41 作形体的 1—1、2—2 剖面图
1
1
2
2
3
3
3—3
第 2 章
投影制图
班级
姓名
学号
25

2-42　作形体的 1-1、2-2 剖面图

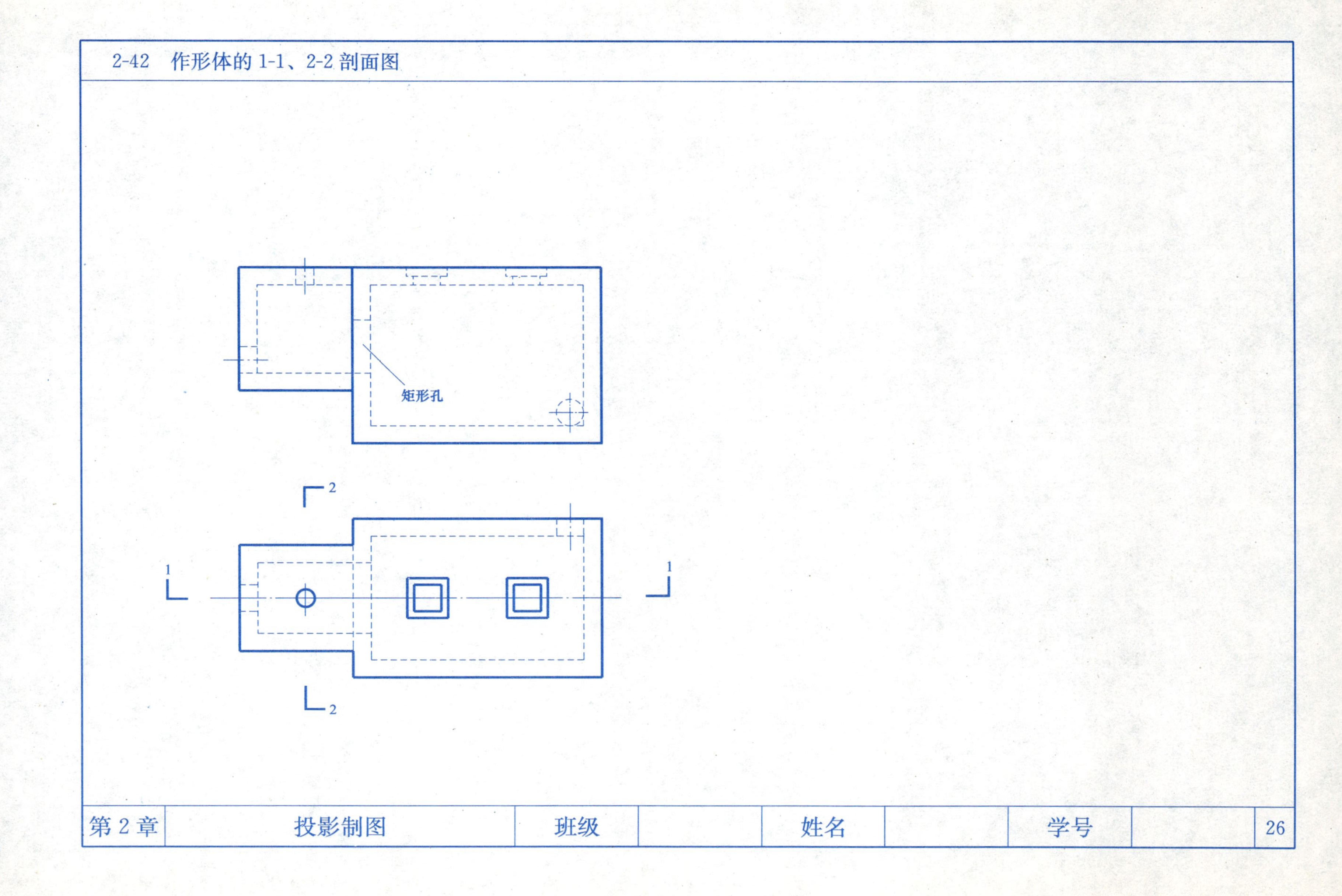

2-43 作出形体的 1-1 剖面图

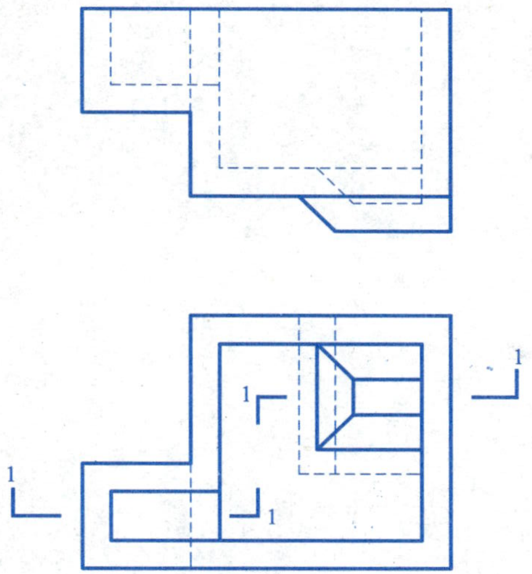

2-44 求带合适剖面的 W 投影，并将 V 投影改为适当的剖面图

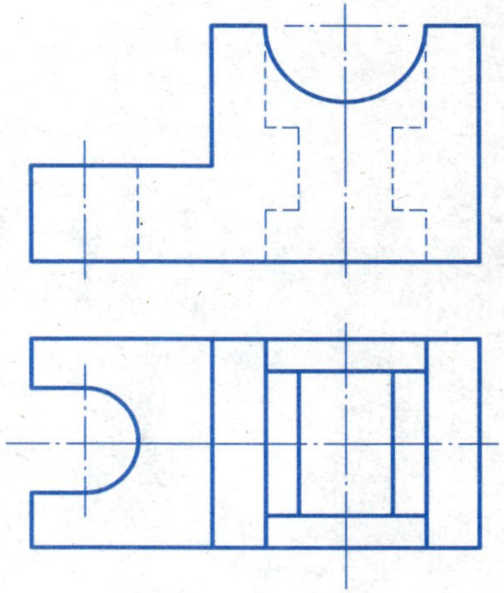

2-45 作1-1、2-2、3-3、4-4断面图

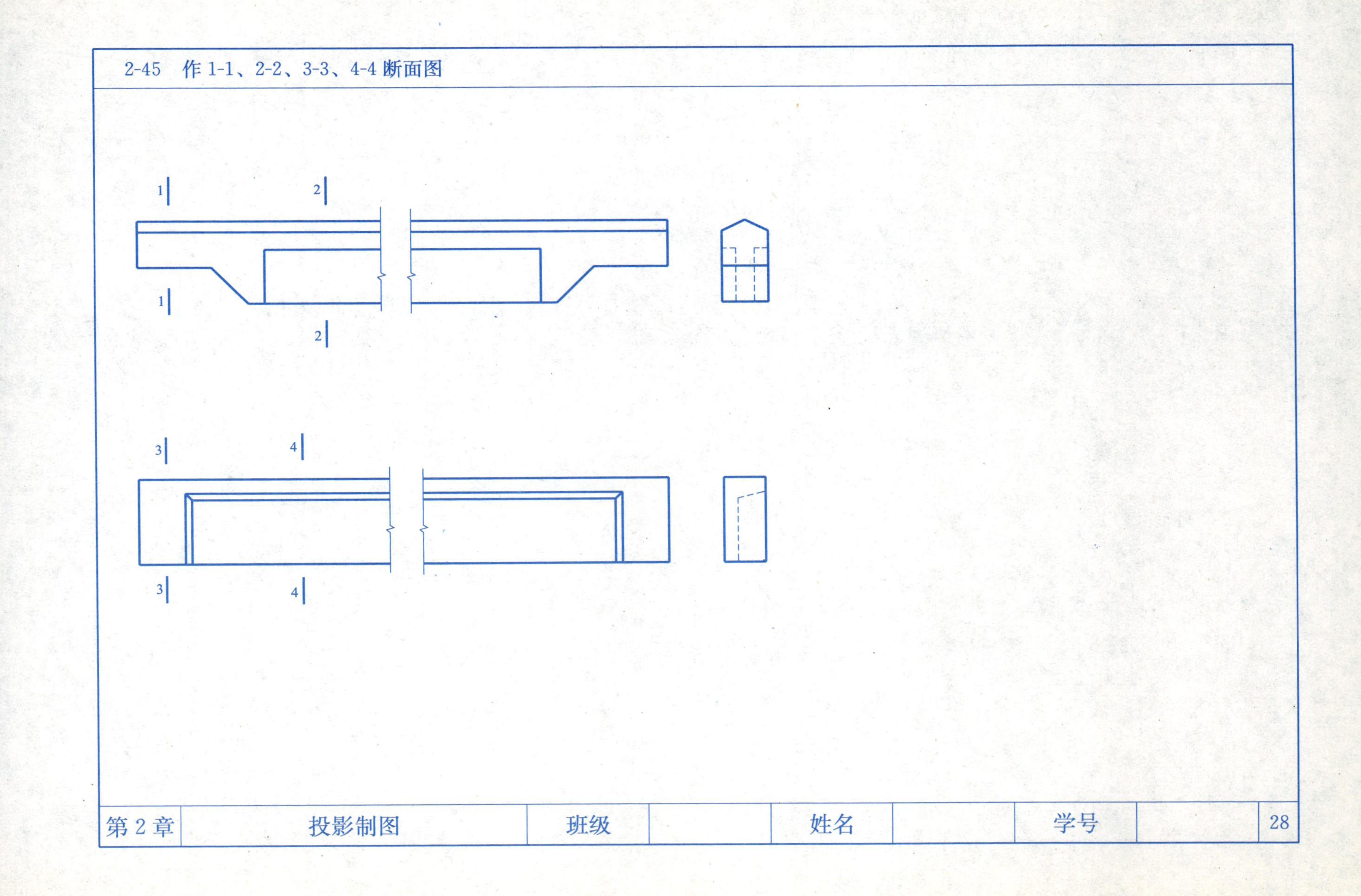

3-1 填空题

（1）一套完整的房屋建筑工程图包括________________。

（2）建筑施工图是表示建筑物的________________图样。建筑施工图一般包括________________等图样。

（3）不论建筑物的功能如何，建筑物一般都是由________________等主要部分组成的。

（4）标高应以____为单位。____标高以青岛附近的黄海平均海平面的高度为零点；________标高以房屋的室内地坪的高度为零点。________标高是构件包括粉刷层在内的、装修完成后的标高；________标高是构件不包括粉刷层在内的标高。

（5）在工程图纸中所标注的尺寸应为物体的________尺寸。

（6）总平面图表明新建房屋的________________等情况。在总平面图中常用________和________表示房屋的朝向。总平面图中的尺寸标注以________为单位。

（7）风向频率玫瑰图中，细实线表示________________，细虚线表示________________。

（8）建筑平面图实质上是______________图，也就是________________所得到的图样。它主要表示房屋的________________等情况。

（9）建筑平面图中，横向定位轴线的编号应以____从___至___依次编写；纵向定位轴线的编号应以____从___至___顺序编写。

（10）建筑平面图中的平面尺寸均采用______为单位；而表明楼地面、楼梯平台面和室外地面等的标高，则采用______为单位。

（11）房屋一般有四个立面，通常把反映房屋主要出入口的立面称为______________图，其背后的立面图称为______________图，两侧的立面图分别称为________________、________________图。

（12）在立面图中，通常把房屋立面的最外轮廓线画成__________线；室外地坪线画成____________线；门窗洞口、勒脚、檐口、雨篷、阳台等在立面上的轮廓线用________________线表示。

（13）在立面图中，部分窗中所画的斜细线表示窗子的开启方向。细实线表示____________，细虚线表示______________。

（14）建筑剖面图的剖切位置应选在建筑物的________________部位。表明剖面图剖切位置的剖切符号应在____________________图中表示。

（15）建筑剖面图一般应标注出剖切到的部分的________________尺寸和______________。外墙的竖向尺寸一般标注三道尺寸，最外侧的总高尺寸是指________________的高度尺寸。

（16）由于建筑平、立、剖面图的绘图比例较小，因而某些__________________和__________________的详细构造和尺寸等都无法

表达清楚，必须另外绘制比例较大的建筑详图。

（17）建筑详图所画的节点部位，应在有关的建筑平、立、剖面图中注出________________，并在所画的建筑详图上注出________________和写明________________。

（18）建筑详图一般包括________________等详图。

（19）外墙详图主要表明墙身及其有关的细部如________________等的构造做法、所用材料及尺寸大小等。

（20）楼梯详图包括________________等图样。

（21）楼梯平面图中，楼梯段的上下箭头应以________________为基准点起算。

（22）楼梯节点详图主要表明楼梯踏步、楼梯梁、栏杆或栏板等局部的________________等细部内容。

3-2　抄绘建筑平面图

（1）作业目的

熟悉一般建筑物的建筑平面图的内容和表达方法，通过作业掌握绘制建筑平面图的步骤和方法。

（2）作业内容

阅读教材第 3 章中图 3-7，抄绘某武警营房的底层平面图。

（3）作业要求

1）图幅：A2。

2）比例：1∶100。

3）图线：铅笔图和墨线图。剖切到的墙身轮廓线宽度≈0.7mm，未剖切到的可见轮廓线宽度≈0.35mm；定位轴线、尺寸线等宽度≈0.18mm。

4）字体：汉字用长仿宋体书写。图名用 7 号字，平面图中各部分名称用 5 号字。轴线圆圈内的数字或字母用 5 号字，尺寸数字用 3.5 号字。

5）标题栏的格式和大小见课本中第 1 章，或由任课老师自行指定。

6）作图应准确、图线粗细分明、尺寸标注无误、字体端正整齐、图面布置合理。

3-3 抄绘建筑立面图

（1）作业目的

熟悉建筑立面图的内容和要求，通过作业掌握绘制建筑立面图的步骤和方法。

（2）作业内容

阅读教材第 3 章中图 3-12，抄绘某武警营房的南立面图。

（3）作业要求

1）图幅：A3。

2）比例：1∶100。

3）图线：铅笔图和墨线图。立面图最外轮廓线宽度≈0.5mm，室外地坪线宽度≈0.7mm；凸出的墙面、台阶、门窗洞等轮廓线宽度≈0.25mm，门窗分格线、墙面引条线、定位轴线、标高符号、说明引出线等宽度≈0.13mm。

4）字体：汉字用长仿宋体书写。图名用 7 号字，文字说明用 5 号字。轴线圆圈内的数字或字母用 5 号字，标高数字用 3.5 号字。

5）标题栏的格式和大小见课本中第 1 章，或由任课老师自行指定。

6）作图应准确、图线粗细分明、尺寸标注无误、字体端正整齐、图面布置合理。

3-4 抄绘楼梯详图

（1）作业目的

了解楼梯建筑详图的内容和要求，熟悉楼梯的各层平面图与剖面图，通过作业掌握绘制楼梯详图的步骤和方法。

（2）作业内容

阅读教材第 3 章中图 3-19、图 3-20，抄绘楼梯的平面图和剖面图。

（3）作业要求

1）图幅：A3。

2）比例：楼梯平面图和剖面图的比例均为 1∶50。

3）图线：铅笔图和墨线图。剖到的轮廓线宽度≈0.5mm，室内外地面线宽度≈0.7mm；看到的墙身线、踏步等轮廓线宽度≈0.25mm，门窗图例、定位轴线、标高符号、折断线等宽度≈0.13mm。

4）字体：汉字用长仿宋体书写。图名用 7 号字，文字说明用 5 号字。轴线圆圈内的数字或字母用 5 号字，尺寸及标高数字用 3.5 号字。

5）标题栏的格式和大小见课本第 1 章，或由任课老师自行指定。

6）作图应准确、图线粗细分明、尺寸标注无误、字体端正整齐、图面布置合理。

4-1 填空题

（1）写出下列常用结构构件的代号名称：*J* ________；*JL* ________；*TL* ________；*YP* ________。

（2）在结构施工图中，结构构件的名称常用代号表示：柱用________表示，阳台用______表示，圈梁用____表示，基础用______表示。

（3）钢筋的保护层是指____的厚度。

（4）基础平面图是表示______________________________________的图样。

（5）在钢筋混凝土构件详图中，构件的外形轮廓线用____线来表示；钢筋用______或____来表示。

（6）为表达钢筋混凝土构件内部的钢筋配置情况，可假定混凝土为________体，所绘出的图样叫构件的__________图。

（7）说明钢筋混凝土构件配筋图上Φ8@200 的意义：Φ8 表示________________；@200 表示__________________。

4-2 问答题

（1）钢筋混凝土构件中配置的钢筋有哪几种？

（2）构件配筋图中，钢筋的标注有哪两种形式？

（3）基础平面图是怎样形成的？主要表达哪些内容？

（4）钢筋的弯钩有哪几种形式？画简图表示之。

4-3 读图题

图 4-4～图 4-12 为某武警营房楼的部分结构施工图，阅读后完成下题：

（1）基础平面图中，墙下为__________基础，涂黑的断面为________，其下是________基础。

（2）条形基础中，基础墙的宽度是______，基础圈梁的配筋为__________________，基础底面的标高为________，基础的埋置深度为________。

（3）楼层结构平面布置图中，⑥～⑧轴线处采用__________，楼梯处用符号________表示，因另有详图。

（4）楼层结构平面图中，虚线条表示____的投影。

4-4 抄绘基础图

（1）作业目的

熟悉一般建筑物的基础图的内容和表达方法，通过作业掌握绘制基础图的步骤和方法。

（2）作业内容

阅读教材第 4 章中图 4-4、图 4-5，抄绘某武警营房楼的基础图。

（3）作业要求

1）图幅：A3。

2）比例：1∶100。

3）图线：铅笔线。剖到的墙身轮廓线和钢筋线宽度≈0.7mm，未剖到的可见轮廓线宽度≈0.35mm；定位轴线、尺寸线等宽度≈0.18mm。

4）字体：汉字书写用长仿宋字体。图名用 7 号字，平面图中各部分字体用 5 号字。轴线圆圈内的数字或字母用 5 号字，尺寸数字用 3.5 号字。

5）标题栏的格式和大小见课本第 1 章或由老师指定。

6）作图应准确、图线粗细分明、尺寸标注无误、字体端正整齐、图面布置合理。

4-5　抄绘钢筋混凝土梁构件详图

（1）作业目的

熟悉钢筋混凝土构件详图的内容，通过作业掌握绘制钢筋混凝土构件详图的步骤和方法。

（2）作业内容

阅读教材第 4 章中图 4-8、图 4-9，抄绘某武警营房楼的钢筋混凝土梁的配筋图。

（3）作业要求

1）图幅：A3。

2）比例：1∶20。

3）图线：铅笔线。剖到的墙身轮廓线和钢筋线宽度≈0.7mm，未剖到的可见轮廓线宽度≈0.35mm；定位轴线、尺寸线等宽度≈0.18mm。

4）字体：汉字用长仿宋体。图名用 7 号字，平面图中各部分字体用 5 号字。轴线圆圈内的数字或字母用 5 号字，尺寸数字用 3.5 号字。

5）标题栏的格式和大小见课本第 1 章或由老师指定。

6）作图应准确、图线粗细分明、尺寸标注无误、字体端正整齐、图面布置合理。